JN169287

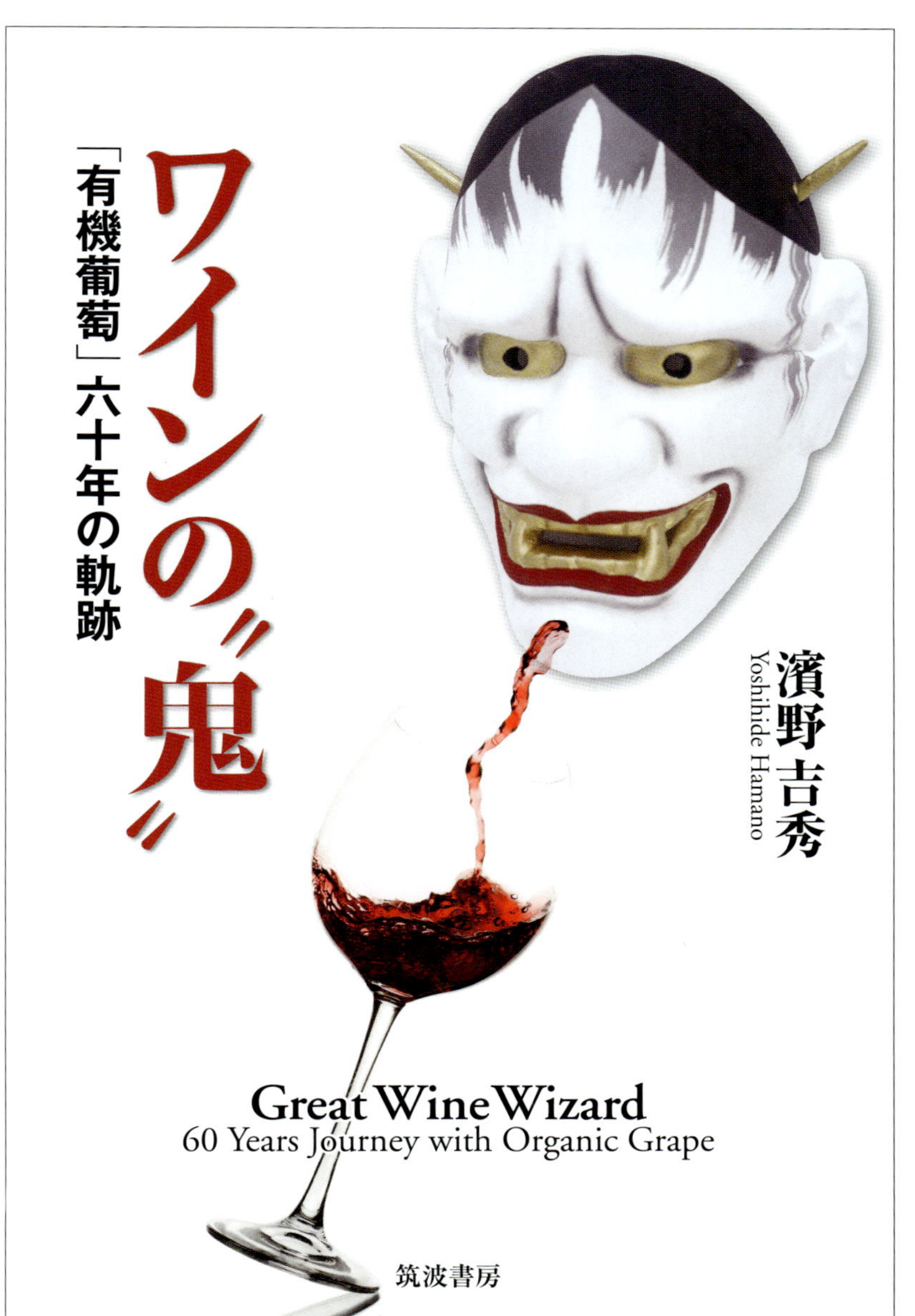
濱野吉秀
Yoshihide Hamano
ワインの〝鬼〟
「有機葡萄」六十年の軌跡
Great Wine Wizard
60 Years Journey with Organic Grape
筑波書房

オリンピア（別名サミットぶどう）　写真提供：高橋淳

澤登芳が委託醸造してもらった自然派ワイン「小公子　赤ワイン」(左)、「澤登ワイングランド　ロゼワイン」(右)
写真提供：澤登早苗

↑東京国立市の農業科学化研究所内の日本葡萄愛好会本部
写真提供：筆者

↑日本葡萄愛好会本部会議室
写真提供：筆者

貴種「小公子」葡萄　写真提供：澤登早苗

小公子ワイン
①蒼（くずまきワイン・岩手県）　②小公子（白山ワイナリー・福井県）
③小公子（常陸ワイン・茨城県）④のぼっこ（ココファーム・栃木県）
⑤牧丘（勝沼醸造・山梨県）　⑥小公子（河原　保［喜久水酒造］（長野県）
⑦小公子（三次ワイナリー（広島県）　⑧小公子（奥出雲葡萄園・島根県）
⑨小公子（安心院ワイン・大分県）
写真提供：筆者

高ポリフェノール「ヒマラヤ」種　写真提供：河原保

山葡萄系品種ワイン
❶清見（十勝ワイン）　❷山幸（十勝ワイン）　❸レアリティ（くずまきワイン）　❹澤登（くずまきワイン）　❺能登（能登ワイン）　❻白山やまぶどうワイン樽（白山ワイナリー）　❼月山ワイン・ソレイユ・ルバン　ヴィティスコワニティ（月山ワイン山ぶどう研究所）　❽常陸ワイン　山ブドウ交配種（檜山酒造）　❾奥出雲ワイン白（奥出雲葡萄園）　❿奥出雲ワイン赤（奥出雲葡萄園）　写真提供：筆者

国立ゼアス（セピア）
写真提供：高橋淳

マドンナ
写真提供：高橋淳

ブラックオリンピア
写真提供：澤登早苗

澤登ワイングランド
写真提供：澤登早苗

国立シードレス
写真提供：澤登早苗

ホワイトオリンピア
写真提供：高橋淳

ホワイトペガール
写真提供：高橋淳

ピアレス
写真提供：澤登早苗

ワインの"鬼"

「有機葡萄」六十年の軌跡

Great Wine Wizard

60 Years Journey with Organic Grape

濱野 吉秀

Yoshihide Hamano

筑波書房

はじめに

本稿の執筆に当たり、筆者は表題の一字〝鬼〟に躊躇(ためら)っていた。だが本文の主役の一人で、執筆前には壮健そのものであった澤登芳(かおる)本人に胸中の表題の可否を質(ただ)したところ、「先生らしい発想だ」と快諾されてその杞憂は霧散したのである。

国内産の葡萄の新品種と山ブドウをベースにした独自のワインの開発、さらにはわが国初の有機及び無農薬栽培方法の開発と、その後進の育成に努めた故澤登晴雄と澤登芳兄弟の七十年におよぶ事蹟は、他の表題ではその卓越した気概に劣る気がしていたのであった。

兄晴雄は多感な青年時代、太平洋戦争の戦前、戦中の動乱期に遭遇し、国家の愚策と劣悪な社会背景の被害を被(こうむ)り、一般の人には到底理解しがたい苦い体験を味わった。この体験は先天的な剛直さに加え、その後の人生の物心への厳格さが増幅したようだ。

生食用の葡萄とワイン醸造用の数多くの山ブドウ系交配種の開発によって、葡萄栽培関係者から〝山ブドウの父〟とも呼ばれてきたが、そうした山ブドウ系交配種の開発に傾注する精神の支柱には、若き日の体感と思索が秘められていたものと筆者は想像している。

国家の政治的愚策が、農作物の新種開発へと言う飛躍的な帰結に、読者は戸惑いを抱かれるかもしれないが、それは本書の読後に納得されよう。

一方、兄晴雄より十二歳年下の末弟の芳は、大学在学中を除いて終始生家の山梨県牧丘に在住、早くより東京国立市で山ブドウと山ブドウ系交配種のワインの開発と後進の指導に励んだ長兄晴雄の後背に、一条(ひとすじ)の強力な理念を感受し、自らの心底にあった志(こころざし)は断念し、甘んじて生家を継いで晩年に至った。

二〇〇一年(平成十三年)の兄晴雄亡きあとも、その理念を踏襲し、日本葡萄愛好会(注1)を通して無農薬栽培を推し進め、後進への技術の指導を続けてきた。

ことに後述のプロローグ(一)のように、自らの実験園での無農薬の山ブドウ交配種〝小公子〟によるる開発ワインは、イタリア中部のトスカーナの代表的なワイン、ブッルネッロモンタルチーノ(サンジョベーゼ種)のような濃厚で力強いワインとして高い評価を受けている。

今日日(きょうび)、書店にワインに関する書籍が山積みされている。その内容と言えばワイン先進国の歴史的経緯に銘醸地の紹介と銘柄等の詳細な翻訳本、また国内に関してはワイン通による内外のワイナリー探訪と生産ワインの案内書が殆どである。

これらの書籍はワイン生産と飲用に日の浅い言わば後進国の日本での啓蒙と正しい知識を得る入門

書ではある。筆者もワインの機能分析の一学徒として、それらの書籍のうちに多くを学んだ。

確かに日本では一時期のワインブームは去ったものの、ワインの飲用はそれなりに定着し、近年は喜ばしいことに純国産のワインも評価されて消費が増え、日本もワイン飲用の成熟期を迎えつつあると言っても過言ではない。

だがなぜか残念なことにわが国の生食用の葡萄とその栽培、ワイン醸造用の葡萄とその栽培に関する書籍は皆無に等しいことである。

その背景としては、消費されている日本のワインの八割は海外からの輸入ワインに占められており、また国内産のワインの葡萄の原種の殆どが欧州系の葡萄であることから、葡萄とワインの生産者は、敢えて一般の消費者に伝えることはないと考えているようである。さらに日本でのワイン愛好者の多くは、欧米でのワイン用葡萄の栽培の実情を直接又は書籍などで概ね承知していることにもよる。

しかし欧米での葡萄栽培と日本での重要なテロワール、すなわち気候、地形、地質、土壌などの総合的な地域性の大きな違いを一般のワイン愛好者、消費者は理解しないままに今に至っているようだ。

そのような日本での実情のなかにあって、何故本書を執筆する気になったか、である。

その動機となったのは奇しくも澤登晴雄が他界した十年後の二〇一一年（平成二十三年）一月、山梨県石和で開催された日本葡萄愛好会の総会に初めて出席した筆者は、その席で兄晴雄の亡き後の二代目理事長澤登芳の指名により、愛好会の顧問を引き受けることになった。そして、その一年後の二〇一二年（平成二十四年）十月、拙宅にA４判の四百六十頁を超える「日本葡萄愛好会の半世紀＝ヤマブドウ系ブドウの栽培とワイン生産の軌跡」が届けられたことによる。

この愛好会発足五十年目に発刊された記念誌の読後、筆者は体が痺れるほどの感動を覚えたのであった。記念誌には澤登兄弟が生涯を賭して山ブドウ系交配種とそのワインの開発、さらには今日では至極当然となった農作物の有機栽培と無農薬栽培を半世紀以前に葡萄栽培を通じて実践し、広くその意義と栽培法を世間に対して提唱してきた事実が記録されていた。

「土にまなぶ」の石碑と日本葡萄愛好会初代理事長・澤登晴雄

その推進母体が日本葡萄愛好会であり、それを支援協力してきたのが農業科学化研究所（注２）と日本ワインバンク（注３）、さらにはフルーツグロアー澤登（注４）である。注目すべきは、これらの組織はいずれも澤登兄弟が発案し、これに賛同した同志や仲間からなる組織と団体で、民間主導によって創設された活動団体としては日本農業史上燦然と輝く事蹟であった。けれど愛好会の歩みは決して順風満帆ではない。農業と農政特有の伝習の固執と利害関係とが搦み、また他の葡萄栽培者やワイン醸造家、御用学者、農協と農薬メーカー、さらには国の農政とその地方の出先機関が、澤登兄弟の理念の提唱と愛好会の動向を非難し、排斥干渉を続けてきた事実は外部の筆者も早くから承知していた。

日本葡萄愛好会２代理事長澤登芳

愛好会の記念誌と共に澤登晴雄の『土にまなぶ』（注５）、『ワイン&山ブドウ源流考』（注６）、『国産&手づくりワイン教本』（注７）、また澤登芳の『牧丘・葡萄物語』（注８）を合わせて読むことによって、兄弟と愛好会が如何に風雪に耐え日本国土に適応する葡萄とワイン造りに正に〝鬼〟と化し尽力してきたかを知ることが出来よう。

このような澤登兄弟の理念と足跡を「温故知新」として、内外の農業従事者をはじめ一般の人々にも再認識することの必要性を筆者は痛感し、敢えて本書の執筆を決断したしだいである。

そして文中に緩和剤的要素として澤登兄弟とその周囲の人々、また筆者の知る限りの挿話とワインに関する世界の現状と課題について付記したことをお許し願いたい。文中での敬称は略します。

追録

本書の執筆に入ったのは二〇一四年（平成二十六年）八月初旬であったが、八月二十三日に笛吹市の病院に入院中の澤登芳に筆者は取材を兼ね最後となる対面をした。その対面から四十六日目に芳は八十六歳の天寿を全うした。

本書の発刊を入院中にも楽しみにしていた故人の冥福を、この紙面を通じて謹んでお祈りするしだいです。

尚、右の最後となった対面時の会話の模様は本書第十四章の「志を絆に」に記載する。

二〇一五年（平成二十七年）四月十七日

濱野吉秀

『ワインの〝鬼〟』目次

第十一章　愛好会ワイナリー十一社

プロローグ　その一　好評博す「小公子」ワイン

（第六章　貴種〝小公子〟を参照）


このハイカラなワイン醸造用の山ブドウ交配品種「小公子」は、四十年も前に澤登晴雄によって開発され名付けられた。

日本山ブドウはコアニティ種と東北地方の北のアムレンジス系があるが、いずれも寒さによく耐え、糖度が高く、タンニン酸とアントシアニジンを多量に含み、赤紫色の濃厚な味覚が大きな特徴である。イタリアの中部、トスカーナの銘醸ワイン、サンジョヴェーゼ種のブッルッネロ・ディ・モンタルチーノのような長寿タイプの重いワインである。

小公子がワインとしてリリースされたのは一九八七年（昭和六十二年）で栽培地は山梨県山梨市牧丘町の標高約七百メートル地帯で澤登晴雄が交配したものを、一九七〇年初頭よりフルーツグロアー澤登の代表故澤登芳によって選抜したものが有機、無農薬で栽培育種されてきた。

小公子は一房二百～三百グラムにもなり、栽培地の北限は北海道名寄で、この山ブドウ系交配種は寒冷地においていかに樹勢が強く生育しているかが理解できる。

当初の地産地消のワインから今日では需要が高まり、全国ブランドとして愛飲家が増大し好評を博している。

現在、日本葡萄愛好会関係の次のワイナリーと関係者によって生産発売されている。日本の北から紹介する。

くずまきワイン　岩手県
白山ワイナリー　福井県
ココファーム　栃木県
常陸ワイン　茨城県
フルーツグロアー澤登　山梨県
勝沼醸造　山梨県
河原　保　長野県
三次ワイナリー　広島県
奥出雲葡萄園　島根県
安心院ワイン　大分県

プロローグ　その二　サミット葡萄「オリンピア」

（第九章　生食用ブドウ品種を参照）

一九七九年（昭和五十四年）六月の二十八日から二日間、東京で開催された第五回サミットでの参加首脳の晩餐会での出来事である。

当初、晩餐会の食後のデザートに桃が予定されていたが美味な桃が揃わず、その代役に急遽供されることになったのが、東京国立市の澤登晴雄が育成し日本葡萄愛好会が栽培を定着させた新種の葡萄オリンピアであった。

この晩餐会に出席した首脳は、米国カーター大統領とロザリン夫人、英国サッチャー首相、西ドイツのシュミット首相、イタリアはアドレオオッチ首相、フランスのジスカールデスタン大統領、カナダのクラーク首相、ジュンキンス欧州共同体委員長、それにホスト役の大平正芳首相である。

その夜、撰（えら）び抜かれたオリンピアの僅か三粒ほどが、出席者のそれぞれの小皿にのせられ供された。

勿論、美味なことは言うまでもなく、誰もが一粒も残さずに食した。この日よりオリンピアは別名「サミット葡萄」と呼ばれるようになったのである。

オリンピアは一九六四年（昭和三十九年）の東京オリンピック開催が決定される以前の一九五三年（昭和二十八年）より育種試験が始まり、オリンピック開催の前年の一九六三年（昭和三十八年）、当時のあらゆる葡萄のなかで、最も美しく美味で、オリンピックの聖火のような炎の色と、その若さと情熱を表す新種の葡萄として、日本葡萄愛好会の会議で満場一致で〝オリンピア〟と命名された。

余談になるが、筆者が国立市の農業科学化研究所を訪ねた折、所長の澤登晴雄が棚仕立ての葡萄の蔓に鋏を入れ「これが新種の葡萄だよ」と、供してくれたのが紫赤色に輝くばかりのオリンピアであった。一九五九年（昭和三十四年）筆者が二十二歳の夏の日の午後で、その日の葡萄の色香と味の感触が今も鮮明に残っている。

オリンピアは生食用の巨峰と巨鯨とを交配して開発され、一九九八年（平成十年）に農水省にオリンピアエースとして登録された。

現在でも栽培が困難なことから、「幻の葡萄」として、その美しさと美味とで珍重されている。

第一章　黎明と動乱

（一）巨峰の丘

東の遥か彼方に大菩薩嶺、北には小樽山と西に続く帯那山の三方の秩父多摩の峰々に囲まれた山梨県山梨市牧丘町は、幸いにも一方が南斜面の広がる段丘に位置している。

その斜面の中間山地に存在する集落からは、晴れた日には遠く南方に日本の麗峰富士山を望むことができた。天空よりの太陽の恵みを受けて、此処牧丘は過去の長期間に日本一、否、世界を代表する生食用の優良葡萄〝巨峰〟の一大生産地として脚光を浴びた。

この日本一の巨峰の里、牧丘について本書の二人の主役澤登兄弟の弟、芳は近年自らの著作『牧丘・葡萄物語』の文中に、要約すると次のように記述している。

「牧丘は古くは〝牧の庄〟と呼び、戦国期に馬を飼育してきた。その中心地を中牧と称し、一九五四年（昭和二十九年）に近隣の二町村と合併し牧丘町が誕生した。中牧は養蚕と蒟蒻などで生計をたててきたが、しだいに行き詰まり、昭和三十年代に兄を含め十四軒の仲間と試行錯誤を経て巨峰の生産を成し遂げた」

と、大粒の黒色、甘みの強い巨峰作りの動機を述べている。

東京の早稲田大学第一政経学部を卒業後に牧丘に戻り、地元の有力者から懇願され農協再建の仕事に専念することになっていた芳は、村起こしのために、東京国立で農業の再生に没頭していた兄晴雄と相談の上、当時の葡萄育種研究の第一人者大井上康の指導を受けることによって巨峰との出会いが始まった。

同じ山梨県近在の甲府盆地の一画、勝沼町は古くから〝甲州〟をはじめ、一時期は一大生産となった〝デラウェア〟などの葡萄作りが盛んで、すでに徳川期に巷間松尾芭蕉によって

「勝沼や　馬子も葡萄を喰いながら」

と、歌われて世間に知れ渡ってきた。

そのため牧丘での葡萄作りの品種に差別化が必要であった。

時を経て、牧丘での葡萄栽培は何度かの自然災害に見舞われた。また山梨県のデラウェア栽培の優先主義に、巨峰作りが異端視されるなど思いがけないハードルも待ち受けていた。

けれど芳の熱意と兄晴雄の助力もあって徐々に巨峰栽培は進化をみせ、仲間も三十軒に増え始めた。町の活性化のためにも十五年、二十年先を見据えた巨峰生産の大きな夢に賭けていたのである。

旧㊥高級葡萄巨峰共選所（山梨市牧丘）　写真提供：筆者

だが十年後には葡萄作りで生活を支えるところまでになったが〝宅配便〟の無い時代にその流通と販売に大きな壁が立ち塞（ふさ）がった。しかし、初期の地域の公会堂での集荷作業場から㊥高級葡萄栽培組合共選所を建設し、市場の勉強のために中央本線塩山駅から夜中の一時半の東京行きの夜行列車で東京に行きセリを見学するなどの努力によってしだいに巨峰の知名度を上げるまでになった。

一九七五年（昭和五十年）頃には牧丘全体で巨峰の生産が始まり、全国の市場に出荷できるようになった。最初の巨峰作りから二十年を経て牧丘町全体が〝巨峰の丘〟になったのである。

この巨峰栽培に賭けた熱い想いを、芳は次のように吐露している。

「朝から晩まで葡萄の世話をして葡萄のことを考える。葡萄の世話をすればするほど葡萄が好きになり、葡萄の木に〝おはよう〟と声を掛けると葡萄の木は〝今日も元気だよ〟とか〝喉が渇いているよ〟とか話し掛けてくれる。おかしいですか？　そんな筈は無いと思いますか？　いいえ本当に話しが出来ます。何日も、何ヶ月も、何年もそうすれば葡萄の木の方からきっと話しかけてきますよ」

この芳の葡萄作りに対する執念と愛情が牧丘の町ぐるみの巨峰栽培へと発展し、日本全国にその名を轟かせたのである。

やがて埼玉や長野などの他県の農業関係者が巨峰の丘に見学に訪れるまでになった。海外でも中央ヨーロッパのハンガリーの葡萄研究者コズマ・パールが、牧丘の巨峰を絶賛したのもその頃である。

一九八五年（昭和六十年）には初めての〝巨峰の丘マラソン大会〟が開催された。巨峰作りを始めて五十五年、今も巨峰は牧丘にはなくてはならない重要な作物であり、近年は巨峰のみではなく多品種の葡萄の生産拠点にと進化した。

山梨市牧丘の澤登邸　写真提供：筆者

この牧丘での澤登芳の十数年に及ぶ個人としての巨峰葡萄の栽培努力と販売方式の尽力、そして栽培と販売の地元農家への指導力の成果は、葡萄で生活を維持するという地域の活性化へと継ながり、今日的評言の〝地方創生〟の画期的な「お手本」を示したと言える。

（二）少年戸主

八十年に亘り山ブドウの栽培品種の育成と有機農業の推進を二人三脚で歩んできた澤登兄弟の兄晴雄は、一九一六年（大正五年）に長男として、また前項の巨峰作りを飛躍的に成功に導（みちび）いた弟芳は、一九二八年（昭和三年）に現在の山梨市牧丘町旧称中牧村中屋で父新造、母多津の末っ子として生を受けた。

中牧は『牧丘・葡萄物語』で芳が述べているように、戦国時代風林火山で名を馳せた武田家の軍馬の飼育養成場の跡地で、中牧の牧と中屋が示すように中牧中屋はその中心になってきた。その馬の飼育養成所の跡が澤登兄弟の生家の近くに存在したことは、二人にとって後の有機農業に賭ける人生に多大な影響を与えた。

昭和の中頃まで日本の多くの農家は農作業に馬を飼育し利用していた。旧家の澤登家もご多分に漏（も）れず馬を飼ってきた。この馬の糞と山野の落葉や小動物の死骸との混合の堆肥を堆積した〝堆肥小屋（肥料小屋）〟の存在を間近に体感していた晴雄は、太平洋戦争終了後に他に先駆けて有機葡萄を通じ有機農業、さらには無農薬栽培を成功させ、その理念を農業の世界に広く提唱するに至った。

当時としては、この晴雄の勇気ある有機農業の提唱（詳細は第十三章参照）は、一九九一年（平成三年）一月、日本有機農業研究会の第四代代表幹事に推されたことでも明らかである。

晴雄の生い立ちに少し話しはそれたが、澤登家の先祖は甲斐（現在の山梨県）武田軍団に属していたが戦国期武田軍は織田徳川の連合軍に敗れ、武士を捨てて後に帰農した家柄である。この史実の一端は甲陽軍鑑（注9）に先祖の澤登新兵衛の名が記載されていることで推察出来る。

澤登家は帰農した後、下って江戸時代から代々村役人を勤めてきた。晴雄の祖父嘉市郎は当時の民政党党員で、父新造も同じ民政党党員という政治色の濃い一家であったようである。

そんな家風のなか、村の世話的な存在であった父新造が突然病に倒れて僅か十日ほどの入院で他界した。数え四十四歳で晴雄が十二歳、一九二八年（昭和三年）の出来事であった。

跡取りとして戸主になった晴雄には小学校教師の姉、下に生まれたばかりの弟芳を含め四人が続いて居た。

父との想い出を後に晴雄は次のように語っている。

「父が乗った馬の前鞍に乗って、家から二時間先の小樽山へ馬の飼料にする馬草刈に行き、山ブドウやアケビ、コクワを腹一杯に食べた。特に猿のように木に登り、絡み合った蔓の山ブドウを摘み取り、家で自然発酵させた葡萄酒に蜂蜜や砂糖を入れて飲んだ旨味は格別で、酒というより薬代わりに珍重された」

父と息子の短い触れ合いの懐かしさが滲み出ている。

父が他界した一九二八年（昭和三年）は、一九二六年（昭和元年）に大正天皇が崩御し、一九二七年（昭和二年）に大喪儀、一九二八年（昭和三年）には昭和天皇の即位礼など昭和時代への歴史的な大きな節目を迎えていた。

十二歳でにわかに澤登本家の戸主となった晴雄は、その翌年、段丘の里、中牧村の水田の大事な田植えの時期に日照りが続き、周辺部落との水の配分での我田引水のために、多勢の戸主同士の大人に交じっての文字通りの〝水掛論争〟に加わった。大人を通しての農事の出来事に、農業に生きる厳しさを初めて体験した争いであった。

また、水田の畦塗りと畦に穴をあけて大豆を植える〝畦豆作り〟、その収穫した大豆の〝味噌作り〟に養蚕と、さらに田植え前の麦の収穫など梅雨前後の麦と水田と蚕の一度の農作業の毎日に七キロも痩せた。

学校へ通いながらの農作業の厳しい日々は、少年戸主の晴雄にとって大きな試練を与え続けた。

一九二八年（昭和三年）から一九二九年（昭和四年）にかけて、一九二七年（昭和二年）の金融恐慌によって世界恐慌へと拡大し、日本の景気もどん底状態となった。そうした時期に母多津の、「四百四病の中で、貧より辛い病は無い」との言葉は、晴雄少年の胸に生涯突き刺さった苦言であった。

晴雄が成人して後、日本の農業と農村に対する改革への克己心の原点に、貧乏から抜け出せない当時の日本の農業の実体を身に沁みて体験したからにほかならないと筆者は推察する。

こうした厳しい生活のなか、畑の肥料作りの草刈と薪を取りに山に入った時、父新造との想い出が頭を過り、束の間少年の身に涼風を与えたようである。

小学校を卒業した晴雄は、小地主の跡取りとして近郊の教師になるべく甲府の師範学校に入学した。学業は音楽と書道を除く主要科目は全て好成績であった。けれど体育でのマラソンに熱中しすぎて筋肉炎を起こして、学寮を出て療養のため積翠寺温泉に下宿するなどのハプニングもあったが、登校に片道五キロの山道で毎日十キロの往復の道程は、それまで以上に体を強健にしてくれた。

十九歳で師範学校を無事卒業した晴雄は直ぐに中牧村に隣接する三富村の教員に赴任した。しかし、一ヶ月後の受け持ちの生徒の家庭訪問により、山奥の極貧の農家の生活を目にして大きな衝撃を受けたのである。

その衝撃の苛立ちの反動に寄るものなのか、三富村近郊での農閑期に夜間に開講される農業補習学校の教員を兼任した。補習学校は小学校卒業後の社会人学級のようで年齢も様々であったが、そこでの読書会で柳田国男の民俗学、農業関係では賀川豊彦の、『乳と蜜の流れる星』『立体農業』などを読み、啓発されるところ大であった。

小学校での受持ちの生徒の三分の一の家庭が貧しく、紙が無いので笛吹川の河原で白い砂に棒切れで字を書き、生徒に練習させることがあった。

この事実は一九三四年（昭和九年）頃のことで、今から八十年前の地方の山間部での教育現場での一端を物語るものであったが、筆者が生まれる僅か三年前に、こうした状況が現実に存在したことに愕然たる思いを禁じえない。

一方、この終戦時に旧制日川中学校（現在は山梨県立日川高等学校）生として迎えた晴雄の末弟澤登芳は、在学中に弁論部や陸上部、さらに演劇部に籍を置く活発な少年期を過ごしていた。

なかでも絵画が得意で、いつも上手に絵を描いている姿に同級生や周辺の人々から話題にのぼる才能を発揮していた。

（三） 政治不信

日本の農家の貧しさを身近に知った澤登晴雄は、その後神経衰弱気味になり、肋膜を病って一年半で教員を休職して生家に戻った。

日本の当時の世相をみると、一九三〇年（昭和五年）九月の豊作飢饉（ききん）で米価が大暴落し、農家は多大な被害を被る（こうむ）。一九三一年（昭和六年）一月に日本農民組合（日農）が結成されたが九月に満州事変が勃発。翌一九三二年（昭和七年）三月陸軍の主導で満州国が成立されたが五月に陸海軍の青年将校らが首相官邸を襲撃（五・一五事件）、この年に事実上政党内閣時代が終わりを告げた。この数々の政治への軍部の躍動は、しだいに国家を軍事色に強めていった。

一九三三年（昭和八年）二月に日本は国際連盟を脱退、一九三五年（昭和十年）二月に農村の貧困の打開に政府要人を殺害する二・二六事件が起きる。筆者の生まれた一九三七年（昭和十二年）には盧溝橋で日中両国が衝突し日中戦争が始まる。

海外に目を向けると一九三七年（昭和十二年）にイタリアが国際連盟を脱退、翌一九三八年（昭和十三年）にドイツのヒトラーがイタリアのムッソリーニと同盟を結び、結果として世界大戦への機運が濃厚となる時代背景を迎えていた。

生家に戻った晴雄は動物性蛋白質を山羊の乳を飲んで補い、また単純な農作業に従事するうちに徐々にストレスが解消し体力が回復した。

一九三八年（昭和十三年）に中牧村の青年団に入り活動を続けるうちに一九三九年（昭和十四年）、周辺の四つの村の青年団が合併してその団長を引き受けることになった。

その頃、日本では満州国の成立に諸外国からの批判が高まるなか、満州国の維持固めに青少年を対象にした満州、現在の中国東北地方での食糧増産をスローガンに満州開拓団（注10）や、その予備軍としての満蒙開拓青少年義勇軍（注11）が結成された。

国策としての満州国での開拓推進の呼びかけはやがて山梨の青年団にも波及してきた。

地方青年団の代表として、晴雄は一九四〇年（昭和十五年）に満州へ行き開拓団の入植地の情況を視察する機会を得た。しかしそこで見聞きした現実は、日本内地でのスローガンと開拓の情報とは全く異なり、先住民の日本人移住者に対する強い反発と開拓者の極貧の生活情況に、晴雄青年は国策に掲げる開拓国の有り様に政治への不信を抱き始めたのである。

筆者はこの時期の晴雄青年の想いのうちに馳せる時、短期間ではあったが教員生活を通じて知り得た山間部の農家の貧困、そして満州開拓団の先住民との軋轢と極貧生活という両局面を通じ、国の農業政策に対して大いなる不信が湧いたとしても自然の成り行きだったと考える。

さらにその年の一九四〇年（昭和十五年）に結成された日独伊三国同盟と米英仏蘭支等の連合国との対立が深まり、日本がより一層軍事色に染められていく情況に不気味さを感じたに相違ない。自然科学の、摂理に順応する農業の宿命に対して、理不尽な人為的な政治と外交に翻弄される農業の実情に、青年晴雄は憤りを覚えずにはいられなかった。

（四）〝梁山泊〟至軒寮

一九四〇年（昭和十五年）満州国を視察し国のスローガンと施策とは裏腹な惨憺たる実情に憤り帰国した晴雄青年は、小学校の教員を辞職して中牧の青年学級の指導を引き受けた。

その後、全国の頂点に立つ東京の大日本青年団の研修に参加しているうちに、大政翼賛会（注12）の加入を勧められたが疑問の点が多く納得出来ずに日を過ごしていた。

一九四一年（昭和十六年）十二月八日、日本はついに太平洋戦争に突入する。

晴雄は連合軍と戦って日本が負けるのは必至であり、戦争の持続に反対する一人でもあったが、当時は戦争の批判と時の政府東條内閣（注13）を批判する者は拘束されたり、最前線に送られるという国家の統制下にあった。

そうしたなか、晴雄は大日本青年団の係員から至軒寮（注14）の代表穂積五一を紹介された。「大戦は日本民族存亡の危機であり、農村が力を蓄えないと国が滅亡する」と語る穂積との出会いは、晴雄にとってその後の人生を決定する奇蹟的な大きな出会いとなった。

本郷の東京大学の近くに在った至軒寮は古い木造の二階建てで、日本の現状を慷慨する様々な人々が集まり、さながら梁山泊（注15）の様相を呈していた。赤貧洗うがごとき寮内には常時五、六人が泊まり、一時には三十人が泊まるという賑わいもあった。その後に大物となった人々が三々五々出入りしていた。

若き日の岸信介（首相）村山富市（首相）勝間田清一（社会党委員長）金丸信（副総理）三上卓（五・一五事件の中心人物）井上日召（血盟団幹部）佐藤栄作（首相）町村金五（警視総監、北海道知事）稲葉修（法相）塚本三郎（民社党委員長）＝カッコ内はその後の役職。

至軒寮に集まる人々は穂積五一の話しを聞き、その人格に触れてそれが実になる勉強となった。人々の共通の想いは日本の滅亡という憂国の情にあった。

結局大政翼賛会には入らず、晴雄は近くの東京大学や明治大学に講義を受けに通った。なかでも大河内一男（後の東京大学総長）や那須皓（東京大学農学部長、インド大使）の聴講に身が入った。その時の影響から戦後改めて明治大学政経部の夜間部に入り、一九五三年（昭和二十八年）に卒業している。

一九四一年（昭和十六年）から一九四三年（昭和十八年）にかけて、晴雄は山梨の生家には寄りつかなかったが、山本五十六連合艦隊司令長官の死によって日本の敗戦は濃厚となった。

至軒寮の人々は世間に対して即時戦争の中止を訴えたことにより、東條内閣を支える憲兵や特別高等警察いわゆる特高に日夜監視されることになる。

その緊迫した国内情勢のなか、衆議院議員中野正剛（注16）は東條内閣の打倒を謀ったことによって憲兵に拘束され、一九四三年（昭和十八年）十月二十七日自宅での自決に追いこまれた。

父としての中野正剛が生命を賭け国難に立ち向かっているさなか、子息が山岳で遭難しその子息に「シッカリシロ　チチ」と電報で督励したことに、心ある日本人の多くが涙したことを聞き知った当時六歳の筆者は、幼いながら痛ましさを感じたことを記憶している。

中野正剛割腹事件が起きる一ヶ月前、至軒寮の穂積五一をはじめとして関係者全員五十四名が全国で一斉に拘束された。

晴雄は至軒寮の同志と甲府の報道関係や官庁の出先機関の占拠を打ち合わせて生家に戻ったところを警官に拘束された。その後、東京に護送され三ヶ月ほど警察署で取り調べを受けたが、大した罪ではないと判断され釈放された。

しかし皮肉なことに、終戦の一年前の一九四四年（昭和十九年）九月日本の敗戦は必至となり、東條内閣に変わって小磯国昭が組閣し、議事堂から東條英機は去ることになったのである。釈放後、晴雄青年は茨城県内原の満蒙開拓青少年義勇軍の訓練所の職員となる。この訓練所は一九三八年（昭和十三年）に加藤完治（注17）と関東軍参謀長石原莞爾によって創設されていたが、二人は共に過去に至軒寮と深く関わっていたという何とも不思議な縁であった。

満蒙開拓青少年義勇軍に職員として入所した晴雄は、元々開拓団そのものの存在に疑念を抱いていたため、所内に新たに「薬草部」を創り、山から採取した薬草園での栽培に精を出すことによって気分を紛らわせながら一年半ほど過ごした。

一九四五年（昭和二十年）八月十五日の終戦は山梨県三富村の笛吹川に近い赤の浦で迎え、直ぐに中牧村に戻った。

（五）人と人との奇縁

この項は本題と少しはなれるが全く無縁ではないので読者にはご理解を賜りたい。

五年前の二〇一〇年（平成二十二年）、筆者の著書、『ワインの力』にも記述しているが、筆者が娘達に「私の棺に納めて欲しい」と頼んでいる座右の銘ならぬ座右の書が二冊ある（現在では江藤淳著『南洲残影』（注18）と中野孝次『清貧の思想』（注19）を追加し四冊）。一冊は本書の主役澤登晴雄著

『土にまなぶ』、もう一冊は一九五九年（昭和三十四年）に刊行された杉野忠夫著『海外拓殖秘史』（注20）である。

海外拓殖秘史の著者杉野忠夫は筆者の東京農業大学での恩師で一九〇一年（明治三十四年）年四月生まれ、現在の東京大学法学部政治学科を卒業後、京都大学農学部の大学院で農業史、農政史を専攻、同大学の助教授を経て当時〝農政の神様〟と言われた農林次官石黒忠篤と、東京大学での恩師農学部長那須皓の要請により一九四〇年（昭和十五年）から一九四四年（昭和十九年）まで満州国開拓局参与を務めた（前述した那須皓の講義を、至軒寮に出入りしていた澤登晴雄が聴講していたという不思議な縁がある）。

つまり晴雄が青年団の代表として満州開拓団の視察に赴（おもむ）いた時期、現地新京（旧長春、現在は再改称して吉林省省都の長春）に杉野忠夫が駐在し、職責は異なるが満州の開拓地で、二人が遭遇している可能性があるのである。

その可能性を知ったのは筆者が本書の執筆のための下調べ中であったが、さらに驚く発見があった。二人の偉大な先達は前述した加藤完治が開校した茨城県友部の日本国民高等学校と、その隣接する地にやはり加藤完治が創設した茨城県内原の満蒙開拓青少年義勇軍訓練所に関与していたことである。

杉野忠夫は満州の新京への赴任前の一九三二年（昭和七年）に友部の加藤完治のもとで農業研修を

体験している。一方の澤登晴雄は前述のように中野正剛事件後に内原の加藤完治の義勇軍訓練所に職員として入所している。

日本の未曾有の動乱期にこの二人の官と民の農業の開拓者が満州と茨城の地で、目に見えない糸で重なり合っているという人生の機微に、筆者は筆舌しがたい思いを抱いたのである。

ここで本書の主役澤登晴雄と筆者との出会いを語らなければならない。

白門と呼ばれる中央大学法学部に進学するべく、筆者は、新宿の成城高校二年を修了して杉並の中央大学杉並高校の三年に転入学した。

希望どおり中大に入学したものの当時、中央、明治、法政の大学生が集まる駿河台では、その後の熾烈極（きわ）まる学生闘争（注21）の予兆とみられる学内での不穏な空気が漂い、苦学して入学した身の筆者は先鋭化する学内の雰囲気に失望して休学し浪人となった。

これもまた不思議な縁であったが、浪人して直ぐに筆者が先輩として尊敬していた早稲田大学出の戦前の同盟通信の記者で、戦後日比谷で日本農工新聞社を立ち上げて主幹を務めていた長野県飯田市出身の小林古寿（こじゅ）を紹介された。当時小林古寿は社運を賭けて反ソ反米を唱えたことにより占領軍GHQ（注22）より新聞社を解体され、東京の国立に逼塞（ひっそく）して執筆で生計を支えていた。

その小林古寿に導（みち）びかれて同じ国立の農業科学化研究所に出向き紹介されたのがほかならぬ澤登晴雄であった。その日初めて会った農業とは無縁の東京育ちのこの若造に、未来の農業の重要性と、世界の葡萄とワイン生産の意義について二時間も語ってくれた日のことを、今も昨日のように覚えている。
この日の出会いにより筆者が曲がりながらも農業に興味を抱いて東京農業大学に入り、やがて農業の一環としての食材の研究開発に専念し、ライフワークにワイン研究の道を選（えら）ぶことになったのであった。

では澤登晴雄と小林古寿との縁は、と言うと実はこれも前述した中野正剛事件に二人が共に連座し、反東條内閣の中野正剛の同志では、との疑いで官憲による拘留中に相照らす仲になった。一九四三年（昭和十八年）九月晴雄が山梨の実家で拘束された日に、小林古寿も長野県の諏訪温泉の一室で同志と密談しているところを官憲に拘束され、東京に護送されて取り調べを受けた後に釈放された。二人は下世話に言う半端な仲ではなかったと言える。

次に前述の筆者の大学での恩師杉野忠夫との出会いを紹介したい。
その時期、東京農業大学がわが国唯一の海外移民地での農業指導者の育成を目的に新設された農業拓殖学科の科長教授としてであった。この東京農大の新設学科の教授の就任は、当時の衆議院議員で自由党最高顧問でもあった東京農業大学学長千葉三郎の強い要請によるものであった。

筆者が初めて杉野教授と会ったのは高校からの推薦入学が内定し、世田谷の大学本部での面接試験の日である。杉野忠夫の思慮深い風貌と篤実な人柄に触れて一目で魅せられた。

入学後の東京農大の学風は、恐らく今日とは違って家族的な雰囲気に満ち溢れ、特に農業拓殖学科が所在する千葉県の茂原分校は、元茂原航空隊の跡地の活用であったが赤松林に草っ原という牧歌的な環境下にあった。

杉野忠夫は普段は薄茶のカウボーイハットに茶色のジャケット、同じ茶の登山用の靴に当時としては珍しいジーパンスタイルで、茂原の街で我々学生を見掛けると先にハットをとり、「今日は、お変わりないですか？」と、声を掛けてくれるという大変粋でありながら腰が低く、学生の誰もが恐縮する有様であった。杉野忠夫は農業拓殖学科三十名の学生に常々、「ゴリラの如き生活力と、神の如き英知を」と説いていた。

青年澤登晴雄が満州で開拓団の悲惨な生活状況を知って憤り内地に戻ったが、杉野忠夫は終戦の前の年に開拓団の生活条件の改善を国に提言したことによって満州から召喚され、終戦時には石川県修練農場長として過ごしていた。

東京農大茂原分校でのある雨の夜、杉野本人から「二十年八月十五日に終戦の知らせを聞き一瞬、満州に残した開拓民の身の上を案じて飛んで行って生死を共にしようと、渡満を申請したが、鉄のカーテン（注23）が早くも三十八度線に降りていて断腸の思いで耐えた」と筆者は直接聞いている。この真情は杉野忠夫の著書海外拓殖秘史にも記述しているが、晴雄青年が満州で抱いた開拓者の悲惨な生活への憤りに似た感慨を、国の為政者の一人としての悔悟の念を吐露したものと筆者は受け取った。

少し余談となる。

実は当時の東京農大の学長は前述のように衆議院議員の千葉三郎で、同じ自由党の政友山崎岩男（注24）は筆者の近い縁戚であった。伯父岩男は中央大学出身で正月の箱根駅伝を三年間走って、後に青森県知事となり、マラソン知事とも呼ばれた。その伯父が筆者の大学進学の時期に中大の理事であり、筆者が中大を辞めて農大に入学したことを政友の千葉三郎に耳打ちし、その事情を知った杉野教授が大学内での筆者の動向を気遣ってくれたのであった。

ちなみに岩男伯父の子息山崎竜男は青森県参議院選出の元環境庁長官で、その子息つまり岩男の孫に当たる山崎力（つとむ）は本書の執筆中には安倍政権下の参議院予算委員長や総務副大臣を務めている。何故私的なことをくどくどと記すかと言うと、これもまた奇縁に継（つ）ながるからである。

筆者が顧問を務めている日本葡萄愛好会の常任理事で青森県三戸の諏訪内将光は、前述の筆者の縁戚の山崎竜男と山崎力の二代にわたる熱心な支援者で大変親しい仲であった。また諏訪内将光の父、諏訪内正人は山崎岩男の知事時代の熱心な支援者であり、日本葡萄愛好会の創設時期から五十年に及ぶ会員、幹部であった。

さらに同じ葡萄愛好会会員で、青森県の葡萄スチューベン生産日本一の津軽ぶどう村と津軽ぶどう楽園の代表者須郷貞次郎と筆者は、葡萄を通じて古くからの知己の仲で以前より筆者がぶどう楽園の顧問を引き受けているが、その須郷も山崎竜男と顔見知りの間であった。この二つの事実は極最近になって筆者が知り得たのである。

伯父岩男は筆者が東京農大卒業後には県知事のカバン持ちに、との腹積(はらづ)もりがあったようであるが県知事二期目に病没し、筆者も農大での慣れない農作業に体調を崩して中途退学する羽目となり、伯父の思いは潰(つい)えたのである。

第二章　土にまなぶ日々

（一）農業の再生

終戦時に二十九歳になった晴雄は中牧村で後の農業協同組合の前身になる農業会に担（かつ）ぎ出され、その専務理事に選出された。

一方で同時期、終戦以前に至軒寮の関係者からの依頼により、食糧増産のために晴雄が管理を任されていた東京谷保村、後の国立市の日本興業銀行所有の農地を、戦後に改めて興業銀行幹部から「日本農業のモデルファームに役立てないか」との話しが寄せられていた。

晴雄としては敗戦による日本の食糧不足と農業改革の一端を担（にな）う農業会の仕事に強い興味があり重要な仕事でもあった。しかし戦前、戦中の幼少期と青年期の教員生活を通じて自分が知り得た個々の農家の窮状を思い浮かべる時、自らが先頭に立ち、「農業の再生」を推進することの必要性を心底から痛感していた。

筆者はこの時の晴雄はこれまでになく農業会という公的な、「農業の政治」と、民間の「農園の開発」

のどちらかの二者択一の大きな決断を迫られていたものと推測する。そのどちらも己の今後の人生を賭ける大きな選択肢であり心が大きく揺れ動いた。

迷いに迷った挙句〝民〟のモデルファームを撰んだ。この選択が農業科学化研究所の誕生となり、後の日本葡萄愛好会の創設へと繋がったのである。そしてこれが八十五歳の死の床まで「葡萄」「ワイン」「キウイフルーツ」「有機栽培」の新開発への〝鬼〟として挑戦する原点となったのであった。

当面は山梨県中牧村と東京谷保との掛け持ちの仕事となった。中牧の農業会は戦後の農地改革の最中でやりがいのある仕事ではあったが、新たな国立の研究所の農園の開発は戦後の農業の再生と言う大きな使命を背負っていて人任せには出来ず、農業会の専務は一期二年で辞めることにした。

その農業会で知己となった東京女子商業出で一時母校の教師をしていた荻原千恵子と結婚することになる。一九四九年（昭和二十四年）八月のことであった。

筆者が国立で澤登晴雄と会ったのは僅（わず）か三度であったが、その三度は二人きりでの長時間の会話が続けられたが、夫人千恵子と会う機会はなかった。

晴雄と筆者が会う機会が少なかった理由は二つある。一つは筆者が二十代から四十代にかけてタイ、フィリピン、台湾、五十代からは韓国（かんこく）、欧州、中国での食材の開発と指導と勉強など百五十回の渡航と延べ千六百日の滞在により日本を留守にすることが多かったこと。二つ目は課題であった葡萄の開発製品が未完成であったことから国立の研究所の敷居が高かったことによる。

（二）　火山灰土

農業科学化研究所のスタートは〝戦後のモデルファーム〟を目指していたものの困難な日々が続いた。谷保村、後の国立の土に果実と野菜が馴染まずに不作が続いたのである。具体的には桃、柿、陸稲、栗、薩摩芋、それに僅かな葡萄作りのどれもが失敗の連続だった。火山灰土の土壌で土地が悪かったのである。ことに山梨県から移植した苗のデラウェア、マスカット・ベリーA、甲州、ネオマスカットが一、二年後には枯れてしまい衝撃を受けた。

この谷保の土地の悪さについては、これもまた不思議な縁であるが、筆者は中学生から高校一年までの四年間、谷保と目と鼻の先の立川市の羽衣町に住んでいた体験から良く理解していた。

ちなみに谷保が国立と改称されたのは、当時谷保が国分寺と立川の間に在ったことから国分寺の〝国〟と立川の〝立〟を選んで名付けられたのである。その頃の国立周辺は赤松林が点在する野っ原で空には雲雀が囀り、草深い地面に狸が出没するという未開地で、所々に太平洋戦争時の防空壕の跡が残り、筆者ら腕白少年達の探検紛いの遊び場でもあった。

また前述の火山灰土の土壌のため大風の日には砂塵が舞い上がり、国立方面の空を赤茶色に染めた。隣町の立川の大人達はそれを眺めて国立は痩せた悪い土地だ、と囁いているのを耳にした。

その国立駅の南側に西武グループが一橋大学を誘致し、ライバル会社の東急グループの田園調布を高級住宅地に開発した成功例に見習って、引き続き再開発して今日では都会の多くの人が〝住んでみたい〟理想的な街へと大きく変貌した。その間に国立がわが国では数少ない文教都市に制定されたが、国立市とその住民による文教都市の創設に、澤登晴雄と千恵子夫妻が協力していたことを知ったが、それは後のことである。


話しは戻るが、関東ローム層の火山灰地の国立では、山梨中牧で順調に生育する葡萄も土壌に全く馴染まずに枯れてしまう。山梨県の指導どおりに植えた穴へ有機物の枝や葉を入れての栽培も不調に終わる。つまり県の指導に従った作物の栽培方法は国立の土壌には通用しなかったのである。芋(いも)の栽培も日本興業銀行時代に土壌に使用したニガリの残土の影響もあって失敗する。まさに四面楚歌の日々であった。

しかし試行錯誤の末に晴雄が辿りついたのは、第一に中牧での有機栽培による農法を取り入れること、第二に国立の土壌に適応する葡萄の品種を選択することの二点であった。農作物のうちやはり葡萄の里勝沼が近かったせいか、葡萄栽培に対する意欲が強かった。

第一の有機栽培については下肥（しもごえ）（人の糞尿）や刈草と飼育した牛、豚、鶏の糞、特に山梨の生家中牧の馬の代替としての山羊の糞を草を与えると立派な堆肥として利用できたのだ。第二の葡萄品種の選択ではフランス、イタリア、ドイツ、アメリカなどの苗を五百種ほど輸入して栽培を試みた。

国立が立川米軍基地に近いために葡萄栽培を聞きつけた米軍の将校達が葡萄を食べに訪れ、晴雄達と顔馴染みになると、帰国の際には新種の葡萄の苗を持参してくれてその苗を研究所に植栽したこともあった。また国内では有名どころの葡萄の産地を限無く訪ね探（さが）し続けた。

（三）大井上農法

こうして、四年経過するうちに伊豆半島で長い間葡萄の研究を続けていた大井上康（注25）が開発した〝巨峰〟の苗を国立で植えたところ良く生長し、実もしっかりりついたのである。この栽培方法は大井上農法と言われて化学肥料を殆ど使わずに燐酸に堆肥を混ぜて石灰を十分に使う栽培であった。

山梨県の果実栽培の指導方法では晴雄は花流（はながれ）（注26）現象を起こすことに気付いていたので、この栽培法は大きな進歩であり発見であった。

国立での巨峰葡萄の栽培に成功した余勢を駆って中牧村で大井上康の子息と、弟子に当たる『農耕と園芸』の編集長矢富良宗の指導により、大井上農法の活用で見事な巨峰が実った。その大井上農法をベースに、晴雄は米ぬか、骨粉、堆肥、石灰の使用を推し進めることにした。化学肥料を中心に与えた樹木は凶作に弱く、有機栽培を積極的に推進することになる。中牧村は昭和の合併により近隣二町村と合併して牧丘町に改称されたが、巨峰生産スタートの第一歩を踏み出したのである。葡萄栽培についてはアルカリ土壌のヨーロッパに対し、日本は酸性土壌でしかも雨量がヨーロッパの三、四倍である。日本の国土と気候に適合した葡萄の品種となると、数万年以前から自然風土に耐え抜き、日本の各地の山野に生育してきた山ブドウ、その改良品種にしぼられその結論がしだいに見え始めたのである。

(四)〝官〟に勝つ

前述の第一章、「巨峰の丘」で弟芳が述べているように牧丘での養蚕が不振となり、澤登兄弟の巨峰作りの試験栽培の成功により十四名の同志からなる、組合形態のなかで巨峰作りが始まったのである。

だが山梨県や国の農業指導者達は県の普及所が推奨する葡萄の品種デラウェア、マスカット・ベリーA、ネオマスカットの栽培に肩入れし、牧丘での巨峰作りに難色を示した。また栽培技術の面でも、大井上農法や澤登兄弟の有機肥料による栽培、言い換えると〝民間理論〟に対して農薬を利用した従来の〝官庁理論〟を押しつけてきた。牧丘での巨峰作りは文字通り村八分的な存在に位置づけられたのである。

だが時の推移と共に、青果市場での県主導の葡萄品種に対して、巨峰が高値で取り引きされている事実に山梨県としては無視できなくなった。やがて県庁が巨峰作りのために県下の普及所の所員の講習会を牧丘で開くまでになったのである。

国立の農業科学化研究所と牧丘の有志による巨峰の生産は、牧丘で巨峰作りを始めて七年を経て名実共に〝官〟に対して〝民〟が勝利を得たと言える。

(五) 予期せぬ手紙

千恵子夫人に筆者が始めて会う機会を得たのは晴雄が他界した九年後の二〇一〇年(平成二十二年)十二月二十四日で、筆者の著書『ワインの力』が発刊された八ヶ月後のことであった。

きっかけはその月の初旬に突然千恵子から拙宅に送られたキウイフルーツの小包のなかに、次のような手紙が寄せられていた。以下原文のまま記載する。

「濱野先生
突然の失礼をお許し下さい。

過日拝読した「ワインの力」の中に故主人の名が出ており驚き、うれしゅうございました。

ご本の内容の精密さに感銘し早速家族や友人たちにおくりました。

感謝の思いで自園産のキウイフルーツをお送りさせていただきます。ご笑味くださいませ。

かしこ」


一読した筆者は簡潔な内容ではあるが、その流麗な筆跡と、聞くところの大正から昭和初期にかけての才媛特有の慎（つつ）ましやかな文体に強い感動を受けた。突然のこの手紙を前にして、農業科学化研究所に夫君澤登晴雄を訪ね最後に会った日のことを思い浮かべて不覚にも涙が溢れた。

それは晴雄の亡くなる一年半前の一九九九年（平成十一年）の五月十一日、筆者は予告も無しに研究所を訪ねた。その日のことは著書『ワインの力』にも記述しているが、運良く葡萄棚の下で作業している晴雄を見付け、長い間の無沙汰を詫びた後、二人で園庭を前に腰を掛け対座した。

そこで筆者の長年の研究の成果である健康食品赤ワイン用葡萄の果実、葉、樹皮からの抽出エキス「赤葡萄総合エキス」を見せた。説明を聞いた晴雄は、「自分はそこまで考えが及ばなかった」と言い、

自身の近著『ワイン&山ブドウ源流考』を筆者に手渡してくれた。その著書の表紙の裏に、

「濱野吉秀先生

ありがとうございます」

と署名してあった。

弟子の端くれにも価しない筆者に〝先生〟の二文字に恐縮し、書き直しを、と思ったが葡萄に賭ける澤登晴雄の無私の表れと直感し、涙ながらに押し頂いたのであった。

初めて千恵子夫人に会った三カ月後の二〇一一年（平成二十三年）二月、夫人に請われて山梨県石和で開催された日本葡萄愛好会の創立五十年の総会に出席した。その五十年目の総会では本書の「はじめに」に述べたように愛好会理事長澤登芳により会員への筆者の紹介、そして顧問就任への指名を受けたのである。筆者の顧問の就任の助言は、千恵子夫人によるものであったに違いない。

澤登千恵子夫人の遺影

その時の芳の初対面の印象は、兄晴雄に似て古武士のような剛直な風貌のなかに人を包む寛容さが滲み出ていた。

この日から三年半、顧問とは言え筆者は名ばかりで、愛

前理事長（澤登芳・左から４人目）と最後の総会後の写真

好会に何の力になれなかったが、年度総会、役員会、研修会には出来る限り参加し、会員との交流また葡萄とワインに関して研鑽を深めた。特に葡萄の栽培について筆者は芳から多くの知識を得、ワインや中国の葡萄の実情については筆者が新しい情報を芳に伝えることが多かった。

また芳との出会いによって、芳の長女早苗（注27）と知己になったことは大きな収穫であった。葡萄とワイン、そして有機農業という枠（わく）を超え、日本と中国の大学との違いに関係なく、生命科学の世界での教育の理念に相通じるものがあり、互いに理解しえるという喜びがあった。

芳と早苗、そして愛好会と筆者の出会いはつまるところ予期せぬ突然の一通の手紙が縁を結んだわけで、これもやはり〝人と人との奇縁〟であり、正に人の誠心の発露の結実と言うほか言葉が見当たらない。

第三章　海外見聞録

澤登晴雄の著書『土にまなぶ』によると、国立の農業科学化研究所での葡萄樹の育種開発のメドがついた一九六三年（昭和三十八年）から晩年に至る三十八年間、世界十七カ国を三十数回、つまり一年に一度の割合で渡航し現地の葡萄の品種と育種状況の調査を続けてきた。

その最大の目的はあくまでも日本の国土に根（ね）ざした葡萄の開発原種を発見するための旅であった。勿論、現地のワインや葡萄の研究家、栽培者などの人との有益な出会いもあったが、葡萄のルーツである小アジアと中央アジアでの初めて手にする葡萄と、例をみない葡萄の栽培法に出会った時、子どもに還ったような純粋の喜びを表し、平生は〝葡萄の鬼〟も、この時ばかりは〝葡萄の天使〟へと変身したような感動を表現している。

また弟の芳も兄晴雄と海外に同行しているが、兄亡き後も日本葡萄愛好会の有志と中国やニュージーランドを訪ね葡萄樹に対する見聞を広める旅を続けている。

この項の見聞録は一九六三年（昭和三十八年）から一九八二年（昭和五十七年）と、今から五十二年より三十三年前の古いものであるが、旧ソ連と欧州、さらには中国西域のトルファンへの葡萄とワインに対する戦後の日本人による初の調査であったこと、また北海道十勝の山ブドウと山梨県勝沼の甲州種や牛奶（ニューナイ Niunai）のルーツの探査、さらには甲州種ワインの海外での初の高評価の体験など、わが国の葡萄とワインに関する貴重な記録である。

（一）ソ連紀行

一九六三年（昭和三十八年）八月、一般的には日本人の渡航が困難な時代、日ソ共同宣言で国交が回復したソ連を訪問することになった。

日本のリンゴの生産団体と日本葡萄愛好会との合同で、日ソ協会の仲立ちによってソ連側からの正式な招待によるものであり、葡萄の調査を目的とした海外のミッションとしては戦後初めてのケースである。

参加メンバーは約二十人で、そのうち葡萄愛好会側は五人、副団長は当時の北海道十勝郡池田町町長の丸谷金保（注28）を選んだ。

このソ連訪問は愛好会メンバーにとって大きな宿題が課せられていた。それは澤登晴雄が丸谷町長から池田町での葡萄作りの相談を受け、一九五九年（昭和三十四年）から現地池田町様舞の山ブドウの調査を続けていた。晴雄の世界のブドウの原種四大別分類（注29）によると、この様舞の山ブドウは葉形から野生日本山ブドウ系品種のヴィティス・コアニェティ（注30）ではなく、ソ連と中国の黒竜江省の両国間を流れるアムール川周辺の東北アジア型野生系品種ヴィティス・アムレンシスではないかと推測し、その確認をする旅でもあった。

Ⓐハバロフスク「アムレンシスに感動」

横浜港からの船旅でナホトカ経由でハバロフスクへ向かったが、ウスリー川流域で野生種のアムレンシスを眺め感動する。

ハバロフスクでは葡萄とリンゴの研究をしている「ソ連極東農業科学研究所」を訪問、その研究所に池田町の山ブドウの標本を持参したが、推測どおりアムレンシスであることが判明し、ソ連第一歩の大きな収穫となった。

Ⓑモスクワ「大規模な産業博」

ハバロフスクから航空機でモスクワに行き二百五十ヘクタールもある大規模なモスクワ産業博覧会

を見学する。会場内のミチューリン果樹園で全ソ連共和国で産出される葡萄栽培地の図表を鑑賞する。ミチューリンは葡萄育種専門家の名前で、彼が開発したアムレンシスとニューヨーク州の北米ヴィティス・ラブルスカ種コンコードとの交配種で耐寒性に優れた「アルファ」を試食し、この葡萄によるワインを試飲する。

Ⓒトビリシ「甲州ワインが九〇点」

モスクワからグルジア共和国の葡萄の一大生産地で、黒海とカスピ海にはさまれたトビリシに向かう。

グルジアはアジアとヨーロッパの接点で小アジアと呼ばれ、スターリンの誕生地でもあるが、黒海系のポンチーカ種の産地である。ポンチーカは西ヨーロッパにある品種で主としてワイン醸造用の世界最古の品種の集散地でもある。

トビリシ周辺は千二百種の葡萄栽培が行われ一農園が二千ヘクタール（約六百万坪）の規模である。トビリシのソ連の「ブドウ・ワイン研究所」を訪問する。研究所内には大規模のワイン工場のほか博物館が併設されていて、一万年前の葡萄の化石など考古学的な資料が展示されている。

グルジアワインの製造法の特色は栄養価を高めるために果梗（先端に花をつける小枝）を含めて醸

造する「ルカチテーリー」は素晴らしい出来であった。また北米系品種による「イサベラ」も大変良いワインであった。

グルジアでの全ての葡萄栽培は日本式の棚作りではなく垣根作りで、帰国後、晴雄たちは日本各地で垣根式の栽培法を指導する契機となった。

晴雄たち葡萄のミッションは日本の出発前に山梨県勝沼町の高野町長から預かってきた甲州種ワインを持参していたが、トビリシのブドウ・ワイン研究所の七人によるワイン試飲委員会に品質の評価を依頼したところ八六〜九〇点との鑑定結果が出た。ソ連の一般のワインが六五〜七〇点であるから、九〇点は高得点での評価であり、日本産ワインの面目を海外で初めて果たしたと言える。

Ⓓタシケント「甲州種のルーツ」

トビリシの次にウズベク共和国、中央アジアのタシケントに向かう。タシケントは今回の葡萄ミッション待望の地で、東洋系欧州種の謎を解く鍵を秘めていた。

第一の謎は山梨県勝沼で古来より栽培されてきた甲州種のルーツである。日本への渡来は中国と考えられているが、中国のさらにその先はカスピーカ系のヴィニフェラのタシケント周辺からの移入であることに間違いないのではないか、との推測。その推測の理由は、一千年前のタシケント、アルアマタ、サマルカンドなどの中央アジアが回教徒に占領され、その禁酒政策によってワイン用の葡萄栽培が困難となり、約三百年間中国で栽培された後、何らかの手段で日本移入された可能性がある。日本に移入されたのは今から約八百年前の一一八六年、山梨県勝沼で雨宮勘解由により発見されたと言われ、時代的に符合する。つまりこの地が誕生地として濃厚なのだ。また日本で生食用に栽培されている牛奶（フサイネベリー）も実に中央アジアのタシケントが誕生地であることも判明した。これも回教徒に占領されて生食用のブドウの品種改良が進んでいたためと思われる。

（二）初の欧州ワイン調査団

一九七〇年（昭和四十五年）戦後初の欧州の葡萄とワインを調査するミッションが日本葡萄愛好会により組織結成された。

団長は澤登晴雄、副団長に土屋長男と岩野貞雄、農業試験場から山梨県は矢野龍、大阪府が小寺正史、サントリーが佐野孝ブドウ栽培部長、それに山形県の斉藤富次郎、山梨の中込正久、中込茂樹ら十四人のメンバーであった。

Ⓐフランス「風土の文化」

フランス訪問に一番関心を持っていたのは「原産地呼称制度」（アペラシオン・コントローレ）であった。この制度をフランスが先頭を切り、次にイタリア、次いでドイツ、オーストリアに広がった。

現地入りして、その効果を葡萄畑とワイナリーで実感し、何もかもが参考になった。そしてワインは風土を飲むもの、国土の文化であることを痛感する。

Ⓑイタリア「免許に規制無し」

この国は日本とは違い葡萄農園の所有者に対し原則としてワイン作りの免許に大きな規制がないことに驚く。

Ⓒ西ドイツ「山ブドウ系品種のリースリング」

白ワインで国際的に有名なライン地方の葡萄はリースリング種であるが、このリースリングはライン川流域に自生していた山ブドウとローマ帝国軍が持ち込んだ南方系の栽培ブドウとの自然交配で育種され結実されたものである。ドイツの寒冷地に耐える品種改良を重ね熱心に研究を進めてきた成果である。

D ハンガリー「美味な貴腐ワイン」

ハンガリーではやはりトカイ地方の純粋の葡萄の貴腐ワインが大変美味で自然の甘さに感激する。

(三) アフガニスタン紀行

一九七四年(昭和四十九年)インドのニューデリーから陸路インド、パキスタンを経てカイバル県からアフガニスタンに至る約一ヶ月の旅であった。

同行者は晴雄の息子の東京大学学生の公勇と中込正彦、拓殖大学教授の斉藤積平にその夫人の五人。アフガニスタンは革命騒ぎの最中で全土の戒厳令が敷かれる物騒な雰囲気。

世界的に約四万種ある葡萄。その葡萄の源流に関する研究は専門家の間でも道半ばである。晴雄としてはその葡萄の血を再整理し、改めて日本の風土に適した葡萄の育種がこの旅の大きなテーマであった。

アフガニスタン「世界最古の栽培法とマドンナの誕生」

ヨーロッパ種ブドウの原産地はアルメニアからメソポタミア周辺であるが、アフガニスタンは唯一、ヨーロッパ化されていない世界で最も古い葡萄畑の形態を保持していた。

深さ一メートル、幅二〜三メートルの溝、長さ百〜二百メートルの地面を掘って、掘り上げた土は溝の一方の側に高さ一メートルに積み上げ、葡萄の苗はこの溝の中に植えられて水河から引き入れた水を入れている。肥料は駱駝、ヒツジの糞で、この溝は三〜四メートル間隔に何本も列をなしている。この葡萄栽培法を目にするのは初めてで感心して見入った。葡萄の出来も見事であった。

そのアフガニスタンから持ち帰った種（タネ）約二十種を国立の研究所で栽培したが、土と気候に適応せずに半分の十種類となり、品種改良して残ったのは一種類で二十一年もかかった。しかし成功した品種による葡萄は赤くて粒の大きい南疆（ナンジャン）地域の代表的な葡萄であった。現地では「ホータンホン」と呼ばれている葡萄に近かった。西域のタクラマカン砂漠の南にホータンの街がある。原産地のメソポタミアからシルクロードを経てホータンの環境に適合したとみられる。

中国の葡萄研究ではホータンと呼ばれるアフガニスタンの葡萄は、中国に定着した竜眼（ロンエイ）（Long yan）の源流とみられる。とすると、日本の甲州種の葡萄の源流は竜眼と考えられ、日本の葡萄とアフガニスタンの葡萄とが結びつくことになる。

アフガニスタンから持ち帰り品種改良にただ一種成功したブドウの育種ナンバーを「ナンバー27号」と名付け、これをデラウェアとネオマスカットとの交配種（デラックス・マスカット白）とを掛け合わせたところ、早生で粒が大きく、赤くて皮と種も食べられる美味な葡萄が完成した。大変な感激であった。

甲州種の源流と推測されるアフガニスタンの葡萄が再び日本に定着したわけで、仮称「マドンナ」の誕生であった。

（四）中国トルファン紀行

一九八四年（昭和五十九年）に中国の西、トルファンに向かう。戦後にトルファンに入る日本人としては最初であった。

竜眠（ロンエイ）の源がタクラマカン砂漠の南、南疆（ナンジャン）地域のホータンの説が有力だ。このホータン紅（ホン）は前述のようにアフガニスタンから移入されたとみられる。

トルファンでは葡萄溝と呼ばれる葡萄のみを栽培している国営農場を見学する。

種無しブドウで作る青光りする見事な干しブドウが大きな風通しのよい建物のなかで作られていた。

（五）極限の葡萄に〝絶叫〟

前項までは海外での主な記録であるが、晴雄はこれらの旅について一九九八年（平成十年）の日本葡萄愛好会の機関紙『ぶどうの友』の春季号の巻頭言で、要約すると次のように述べている。
「日本の国土に生々と生き続ける葡萄を極めるべく旅をし、西欧社会にあまり知られていないヒマラヤ、パキスタン、アフガニスタンを廻り、遂にヒマラヤの長寿国フンザの地で、ここに住む赤ひげ部族の案内で貴重な葡萄の種を入手した。モンスーンの原点はヒマラヤにある。ここには年間五千ミリの降雨と冬のマイナス四〇〜五〇度の極限に耐えて生きている葡萄がある。これは葡萄の原点を指すものである。

世界史的な大転換の時にあった我々は、西欧社会の秩序から、アジアの自然とともに生きる生き方を中心とする価値観を求めている。私たち〝ブドウの民〟もここでは日本本来の葡萄とワインの道を求め続けよう。その向こうに新しい光を見出そうではないか―。」と叫んでいる。

そして続けて「日本的なワイン、ブドウ産業の確立」を訴え、「村作り」「国作り」という大目標と「人と人との欺かない楽しい人間関係」の構築と、技術体系として「無農薬」「不耕起」「無化学肥料」「草生による有機物の自園自治」を説いている。

晴雄の晩年に近いこの論理には、自らの人生の理念が面目躍如と表われている。青年期以後の卓越した一農業人澤登晴雄が、西欧社会の文明のしがらみとその限界に気がつき、アジアの自然に生きる人々への〝ブドウの民〟たれ、と呼びかけているのである。

それはフンザの地で晴雄が知った多量の降雨と極寒の高地に逞しく生きる葡萄と人とを重ね合わせた、生き物が生きる極限状況下での一つの〝悟〟でもあった。それは生命産業の農業を通した世界規模での思想の表現でもある。

筆者が本書の「はじめに」に記述した「日本葡萄愛好会の半世紀」の読後に、特に心が打たれたのは、まさに澤登晴雄のこの一文にあったのだ。

食の歴史と葡萄の探査に、筆者は当時外国人の入境を禁じられていた台湾の玉山、タイとラオスの国境メコン川流域、そしてチベットの中国側の山岳地帯や新疆ウイグル自治区の砂漠を巡ったが、これらアジアの大自然の悪条件下の環境に耐えて生きる人々の生命力に常に心が洗われた。それだけにフンザの高地での晴雄の葡萄の極限での発見時の〝絶叫〟に近い思いに共鳴できたのである。

つまりワインや葡萄を通して、世界の〝民〟を知ることが出来たのである。

第四章　ワインと葡萄の源流

（一）ワインの起源と伝播

第七章の「山ブドウ系品種ワイン」等を述べる前に改めてワイン造りの起源とその伝播について触れておきたい。

ワイン造りの起源とその伝播は国際的に専門家の間に諸説あるが、筆者はわが国の『ワインの世界史』（中公文庫）の著者古賀守の五段階説（筆者の訳注）に信頼をおいている。この五段階説は二〇一二年（平成二十四年）十月の『食べる力が日本を変える』（技術評論社刊）の文中での筆者の著述「激変する世界のワイン市場」にも引用しているが、参考までに要約すると次のような段階で推移していると考える。

一　原始ワイン（BC六〇〇〇～四五〇〇年頃）

メソポタミアのシュメール人による酒器が発見され葡萄の自然発酵による醪状の液体の残滓を確認。自然環境下での発酵を実証したものと推測される。

二　旧ワイン（BC四〇〇〇～一五〇〇年頃）

栽培葡萄によりワインに健康の効果を発見する。ワインの力を宗教に取り入れ、やがてエジプトに伝播。ヴィティス（葡萄樹）ヴィン（ワイン）フェラ（造り出す）、学名ヴィティス・ヴィニフェラ（Vitis Vinifera）の誕生。

三　古典ワイン（BC一五〇〇～二〇〇年頃）

ギリシアにワイン文化の祖形が見られる。エジプトからイスラエル、小アジア、カスピ海周辺に伝播。酒神の出現とワインに薬効のあることを知る。

四　新ワイン（BC二〇〇～AD一七〇〇年頃）

ローマ時代＝この時代に現代的な食文化を樹立。ワインが土器から木樽の貯蔵となる。また欧州から中東へと普及する。さらにキリスト教文化圏へと伝播して寺院の属地で盛んにワインが造られる。ワイン文化のルネサンス。

中世＝西欧の民族的体質と気候風土に適応したワイン文化の隆盛。

近世＝大航海時代を迎えアルゼンチン、ペルー、南アフリカ、オーストラリア、カリフォルニアへとワイン文化が伝播。いわゆるワインのニューワールドの出現。

五　現代ワイン（AD一七〇〇年～現代）

各国が個性的なワインを造る。優良ワインの維持に品質制度の確立を目指す。またワイン製造と品質維持の法制化の動きが顕著となる。オーガニックワインの出現。

この五段階説で注目されるのは「旧ワイン」の時期に人類がワインの成分中に健康の効果を発見し、次いで優良なブドウ樹をヴィティス・ヴィニフェラと名付けたBC二〇〇〇年、今から実に四〇〇〇年以前のことである。香りが良く、色が美しく、味が美味であることを条件として造り出された優れたワインは、約二千年を経てキリスト教文化圏を中心に全世界においてアルコール飲料として不動の地位を確立したと言っても過言ではない。ある意味で人類の英知の集約により結実された文化財である。

時を経て一八五五年フランス皇帝ナポレオン三世によってボルドーワインの格付けが制定され、筆者の持論でもある優良ワインの人工の「液体流動資産」として明確に位置づけされた。

だが、ここで考えてみる必要がある。歴史的、国際的に事実上リーダーシップを取り続けてきたフランスワインの〝不動的地位〟は、遠く将来まで〝絶対〟であり続けるのかどうか―。勿論フランスワインが占めるワインの世界での絶対的地位は短期的、中期的には不動である。そして世界の大多数を占めているフランスワインの信奉者、愛好者、関係者らは〝絶対〟は揺るぎなく〝永遠〟と信じている筈である。

果たしてそうであろうか—。今、様々な角度から世界のワイン市場を冷静に見据えるとき、どうもフランスワインの〝不動の地位〟を少しずつ揺るがす兆候、言い換えると、この歴史的、国際的な〝不動〟に震動を与える新たな〝潮流〟が見え隠れしている現実を筆者は感じてならないのである。むろんその現実を多くの人が実感するには長期的展望のその先、つまり遠い将来ではあろうが—。

その新たなる〝潮流〟の発言は、筆者ならではの冒険的持論であることは充分に承知している。しかし次章の「ワインの今日的〝潮流〟」、また第七章の「山ブドウ系品種ワイン」、さらに第十章の「未完の中国ワイン」の各章での記述により、読者には少なからずその兆候と予感を感じていただけるのではないかと考える。

(二) 葡萄の源流

前項の「ワインの起源と伝播」により、世界のワイン造りの歴史的流布の課題は概ね理解できるが、その原料であるブドウの原種のルーツとなると澤登晴雄が述べているように(第三章海外見聞録(三)アフガニスタン紀行)今日でも四万種を超す葡萄品種の五〇%は解明されていない。

解明されているその多くの葡萄品種は、技術者の手と自然交配と淘汰によって選抜され良質ワインの生産が定着した時期、前項で述べた「新ワイン」時代の中世後半から近世にかけて誕生したとみられる。

世界の葡萄の源流の大別の分類については、やはり澤登晴雄の四大別分類（第三章海外見聞録（一）ソ連紀行）が説得力がある。この澤登の四大別分類は、山梨大学元教授山川祥秀の大別分類と基本的に共通している。ただ山川はヨーロッパの葡萄のヴィニフェラの樹の葉や根に生成する葡萄のアブラムシでブドウ樹の害虫、フィロキセラ（Phylloxera）対策のための台木に利用されている北米の葡萄、ラブルスカ系のヴィティス・リパリア（Vitis Riparia）とヴィティス・ルペストリス（Vitis Rupestris）を付加している。欧米は勿論、特に酸性土壌で降雨多量の日本においては、ヨーロッパの葡萄の栽培にこの台木の利用は必須条件となっている。

今日のワイン用ブドウ樹は周知のように約九〇%近くがヨーロッパ系種のヴィティス・ヴィニフェラが占めている。

その歴史的な背景を辿ると、原産地のカスピ海と黒海沿岸の土壌が石炭質に富み、乾燥気候で夏季も温暖で降水量が少ない地帯であることが良質な葡萄を育み、その後西ヨーロッパ各地の山ブドウとの自然交配によってさらに進化し、地中海沿岸諸国から反対側のアジア、中国へと伝播したものとみられている。

このヨーロッパ系種ヴィニフェラに次いでワイン用ブドウに利用されている北米の葡萄ヴィティス・ラブルスカは、アメリカ大陸の東北部とカナダ南東部を原産地として耐寒性、耐病性に強く、樹勢が強健で降雨の多い地帯での実の裂果が少ない。

ただこのラブルスカ系種は、周知のようにいわゆる狐臭（Foxy Flavor）が強いためにワインではコンコードとジュース用として育種されているほか、ヨーロッパのヴィニフェラとの交配によりデラウェア、ナイアガラ、キャンベルアーリー、イザベラが育種され生食用、ワイン用に活用されている。

またラブルスカは強い耐病性から一万種以上のヨーロッパのヴィニフェラと交配して育種に成功したフランス人のアルベール・セイベルの「セイベル」がある。寒冷地帯のイギリス、アメリカ、カナダのほか日本でもワイン用の白ブドウ、黒ブドウが育種番号別に栽培されている。

他方、北米のラブルスカに次ぎ、わが国でワイン用栽培に活用されている東北アジアのアムレンシスについては、詳細は後述（第七章山ブドウ系ワイン）するが、ここでは一九五九年（昭和三十四年）今から五十六年前に北海道十勝の池田町で澤登晴雄と九谷金保らによって発見されたアムレンシスの山ブドウと、前述のフランスのセイベルとの交配により十勝ワイン「池田町ブドウ・ブドウ酒研究所」で各種のワインが造られていることを紹介するにとどめる。

このセイベルとの交配種は耐寒性に優れているため冬期に盛土をせずに越冬が出来、赤ワインの「清見」「清舞」や「山幸」、さらには白ワインの「清見の丘」が生産されている。

第五章　ワインの今日的〝潮流〟

（一）フランスワインは絶対か

本章では前章の「（二）ワインの起源と伝播」の結びに述べた筆者の冒険的持論でもある、ワインの世界におけるフランスワインの歴史的、そして国際的な〝不動の地位〟を揺るがせかねない今日的〝潮流〟が如何なるものかを具体的に検証したい。

Ⓐ　ＡＯＣ格付け制度を考える

一口にフランスワインと称しても、様々なブドウの原種によるワインとその製法、及び広範囲な地域での生産により膨大な種類と数量になる。だがここでフランスワインを揺るがせる対象となるワインの定義は、主として一八五五年以降に制度化（注31）されたボルドー、ブルゴニューをはじめとするＡＯＣ（Appellation d'Origine Controlee　産地統制呼称）の一級（一部の特級を含む）から、それに準じる上級の高価格で取り引きされてきた格付けワインを指している。

勿論このフランス政府機関公認のＡＯＣの制度化は、今日までワインの品質低下の抑制と原産地の保護、そして何よりも価格維持に重要な役割を果たしてきた。だが、その経緯を翻ってみる時、希少価値による高級嗜好品としてワイン愛好家への自尊心への恵与よりも、各ワイナリーの既得権益にひたすら貢献してきた事実は否めない。

そうした観点から、大胆な発想ではあるが、百六十年間継承されてきたこのＡＯＣ格付制度を改めて冷静に考える時期を迎えていると思われるが、どうであろう？

何故なら現代社会の長い歴史で勝ち取った消費者保護の視点と、流通経済の自由競争の広がりのなか、ＡＯＣによるワインの格付けと葡萄畑の格付けは、一方的な生産者の権益保護にすぎないとみられるからである。そして、それは筆者の持論である人工のワインの「液体流動資産」（注32）としての資産保護のための補完であり、あくまでも価格維持制度のひとつの仕組みにすぎないとも考えられるからである。

ナポレオン三世以来のフランスワインの保護政策によって、繰り返すがＡＯＣ格付制度は一銘柄を除き百六十年間継承されてきた。しかし、だからと言って今後百年、三百年、五百年と遠く将来にわたり容認、支持しなければならないという法はないと思われる。

ことに気候変動による栽培葡萄の不安定要素と、消費者の食品の安全志向が高まるなか、旧態の法を維持し続けることこそ、現代社会への一種の反逆とも言えないことはないだろう。

Ｂ ロバート・パーカーの舌は〝神〟か

ワイン愛好家なら書籍やワインガイドで目にしているロバート・パーカーの存在について述べたい。新たにワイン愛好家となった人々から、「ワイン購入の案内書にパーカーポイントが何点とありますが、これは何ですか？」と質問されることが多い。その答えは後述の記述から判断を仰ぐとして、日本は不思議な国である。

ワインの日本での年間一人当たりの平均消費量は近年伸びたとは言え二リットル強で、世界二百二十ヶ国中、上位から五十番前後で先進国では最下位である。しかも純粋の国産葡萄によるワインの年間生産量は僅か八万トン台で、輸入ワインを含めた国内での消費量も増加したとは言え三十万トン台と、世界の代表的ワイナリー一社の年間の生産量に均しい量である。

ちなみに、二〇一二年（平成二十四年）のフランスの国民の一人当たりの年間消費量四十八リットルを別にしても、ドイツは二十四リットル強、イギリスは二十リットル、アメリカは十一リットル強である。また国全体の消費量はフランス三百五十万トン、イギリス百二十六万トン、アメリカ二百八十万トン、ドイツ二百万トン強である。

この数字からは、日本人一人当たりのワインの消費量は日本の人口の半分のビール大国ドイツの八・五%、また、やはり日本の人口の二分の一以下のイギリスの一〇%、同じく二分の一以下のイタリアの五%にすぎないことが分かる。

勿論、このワインの消費量はヨーロッパにおけるワインの生産と消費の永い歴史と、日本の米をベースにした日本酒飲用の違いから当然と言えば当然である。

だが日本のワインの消費量が先進国中最下位でありながら、ワイン産業に関わるワインアドバイザー、ワインエキスパートを含むソムリエたちの数では、日本は超ソムリエ大国で、それを統括する日本ソムリエ協会の収入利益は、先進ワイン大国のそれに匹敵すると言うのであるから何と不思議な構図と言えよう。

まあ、それはそれとして、そのソムリエたちが、ワイン愛好家のワイン購入時に、自身の知識や舌に信頼がおけないのか、このワインはパーカーポイントの八〇何点とか九〇何点ですからお買い得です、と説明し、一人のワインジャーナリストの評価点、いわゆるパーカーポイントに振るのであるからお粗末極まりない話しである。

さて、そのロバート・パーカーなる人物であるが、メリーランド州出身のアメリカ人で、一九四七年(昭和二十二年)七月生まれのワインジャーナリストである。パーカーのワインの世界へのデビューは、それまで国際的なワインの評価は、世界最大のワイン輸入国であるイギリスのロンドンの複数（これが重要である）のワイン専門家によって左右されてきたのであるが、一九八三年（昭和五十八年）に三十六歳のパーカーが、ボルドーのプルムール（ワインの新酒）に関する「ボルドーレポート」を書き、これをボルドーの商人たちが絶賛したことによって一躍ワインの世界の檜舞台に躍り出たのである。ワインジャーナリストとして五年目の幸運である。

ここで少し考えてみる必要がある。酪農家家庭で育ったパーカーは、高校の同級生で現在の夫人パトリシアと二十歳の折に海外旅行で初めてフランスに行きワインに目覚めた。その後、ワインの魅力に引かれてジャーナリストを志し、運良くワインの本場ボルドーに屯（たむろ）する老獪な商人たちに持ち上げられ、新星アメリカ野郎（ヨーロッパ人が口にする皮肉を含む愛称）のワインジャーナリストが誕生したわけである。

この時期、フランスワインの輸入大国イギリスに比して、アメリカ合衆国は強大な経済と軍事力を併せ持つ絶頂期にあり、ボルドーの商人からすると、隣国イギリスはロンドンの、小うるさいワイン専門家や評論家たちに比べて新たなる高級ワインの輸出相手国での一人のアメリカ野郎のジャーナリスト、パーカーの出現は願ってもない橋頭堡であったに違いない。

またその背景には当時、アメリカはカリフォルニアのナパヴァレー、ソノマヴァレーなど数多くのワイナリーでの生産の拡大が進んでおり、ボルドーの商人たちの誰もがアメリカワインの動向に強い警戒心を抱いていた時期でもあった。

ちなみに二〇一二年（平成二十四年）のアメリカのワインの生産量は世界第四位の二百三十万トン、消費量は第二位の二百八十万トンである。輸入量では約百万トンで世界の第四位であるが、同年の中国の第三位はここ数年の急増によるもので、それまではアメリカの輸入量はイギリス、ドイツに双ぶ輸入大国であった。

このようにパーカーは、ボルドーワインを牛耳る老獪な商人の後楯によってボルドーの銘醸ワインの広告塔的な存在となり、ワインジャーナリストとしてワインの世界に君臨することになったのである。

パーカー自身は伝え聞くところによると、五感に優れ、舌も肥え、度量と押し出しも良く、ワインジャーナリストとして一流の格を備えていると聞く。

しかし、時を経て彼の一人のワインの評価ポイントが、ボルドーを背景にして世界に流布され、世界中のワイナリーがパーカーポイントに一喜一憂する羽目になった。九〇点以下のワインは全て二、三級品として価格は下落し、九五点以上のワインは高値で取り引きされるようになり、ワイナリー経営者の生死を左右するまでに至っている。

つまり、一個人の舌が、ワイン生産者にとって〝神〟の如き存在となったと言っても過言ではない。筆者自身は世界中のワイン関係者、ワイン市場にとって大変不幸な要因の一つであると思っている。


余談ではあるがフランスという国は、良く言えば商売上手な国、悪く言えば奇態な国としか表現できない国と言える。

近代文明発祥の地イタリアで誕生生又は生産された優れた（ワインも同類であるが）工芸、芸能、食品などを今日では自国のブランド化にして莫大な利益を得ている。

自動車のタイヤメーカーのミシュランが世界のホテルやレストラン、観光地までを格付けをする。ワインを含め格付け大好きな国民と言える。


さて、ボルドーの広告塔的存在となった日本におけるロバート・パーカーの動きとなると、一九九八年（平成十年）ワインブームに沸く時期に初めて来日し、日本側の歓待に気を良くしたのか二〇〇四年（平成十六年）の二度目の来日時には一人百万円のワインとディナー・パーティを開催した。その後、二〇〇八年（平成二十年）にはさすがに控え目に、ボルドーワインのセミナーを含め一人三十万円の会費でディナー・パーティを行っている。

パーカーの肩には、ボルドーと、その後のローヌ等の高額ワインの先導役としての役目を担っており、今日もしたたかに銘醸ワイナリーを巡っているようだ。

Ⓒワインを制するロスチャイルド家

ワインの世界市場は現在日本円に換算して約三十六兆円から三十七兆円とみられている。これは年間の取引額であり、世界の数ある食品関係の取引額としても一大産業のなかに入る。

だが地球規模での金融、石油、政治、経済情報、食料を支配するロスチャイルド家（注33）からすると、この現在のワインの世界市場の取引金額は大した金額ではないようだ。

ドイツ語読みでの、このロスチャイルドをロートシルトと言えば、ワイン愛好家なら誰でも納得できよう。ボルドーAOC一級のなかのシャトー・ラフィット・ロートシルトとシャトー・ムートン・ロートシルトは共にロスチャイルド家の所有である。このほかAOCの二級以下のワイナリー十数社を傘下に収め、五級以下のボルドー地区の優良ワイナリー数十社の運営を支配していると言われている。

海外においては一九七八年(昭和五十三年)、アメリカ、カリフォルニアのナパヴィレーのワイナリーの雄、ロバートモンダヴィ家と「オーパスワン」を通じて提携しているほか、遡(さかのぼ)って主に大航海時代前後に誕生したニューワールドと呼ばれるアルゼンチン、ペルー、南アフリカ、チリ、オーストラリアなどの後進ワイン生産国での有力ワイナリーの多くを資本支配している。

一説によれば世界のワイン市場の三分の一をロスチャイルド家が握っていると言われ、取引額で十五兆円を超えるものと推測されている。さらにロスチャイルド家以外のユダヤ資本もボルドー、ブルゴーニュを始めとするフランス各地の銘醸とスペイン、イタリア、ドイツのワイナリーを資本支配していて、世界の主なワインの生産地はユダヤ系資本に占められていると言っても過言ではない。

まさに筆者の持論である人工による「流体流動資産」の世界的支配をユダヤ資本が握っているのである。

前項のワインジャーナリスト、ロバート・パーカーのボルドーの商人を後ろ楯(うしろだて)にしたワインの世界に君臨する動機に、シャトー・ラフィットを揺るぎ無い銘柄に仕立てるロスチャイルド家の意向があったと伝えられている。

実はパーカーによるボルドーはもとより、ブルゴーニュ、ローヌ、カリフォルニア、オーストラリア、スペインなどの「パーカーポイント一〇〇点」のワインリストを分析すると、不思議なほど、その多くがロスチャイルドの息が掛かったワイナリーのワインないしは、高額になったワインのワイナリーの銘柄である。その背景には、暗にロスチャイルド家系の商人とロバート・パーカーによって仕組まれた勘があるとみられるが、これは下種（げす）の勘繰（かんぐ）りと言えようか―。

このようなワイン大国フランスのユダヤ系資本によるワイン生産と販売の寡占化状態が息苦しく嫌悪を覚え、十五年ほど前からワイン生産の新天地を求めて中国にワイナリーを建設し、ワイン生産に尽力しているフランスとイギリスのワイン専門家の何人かを筆者は知っている。

だがロスチャイルド家は、すでにヨーロッパのワイン専門家の一部からはワイン生産の新天地と目される中国本土で二つのワイン事業を展開している。

第一の事業は、二〇一〇年（平成二十二年）にロスチャイルド家は北京の出先事務所を通じ、上海の中心街、四川北路の高層ビル中信広場の三十七階に上海ワイン取引所（英名 SHANGHAI WINE EXCHANGE、中国名 上海紅酒交易中心）をイギリスのロンドンに次ぎ、二番目の赤ワイン専門の取引所を開設した。

この取引所の開設の目的は、ロスチャイルド家が所有するシャトー・ラフィットとムートン及び同家が占有する高級ワインの価格の底上げを狙ったものである。したがって取引所の商品はボルドーAOCの一級から五級と、それに並ぶ高額ワインのシャトー・ペトリュス、シャトー・シュヴァル・ブラン、シャトー・オーゾンヌ、コート・デュ・ニュイとヴォーヌ・ロマネなどの代表的な赤ワインを対象にしている。

巷間、中国の富裕層がボルドーのラフィットを崇め奉って高価格で買いまくっていると、マスコミや他国のワイン関係者から揶揄されているが、これは前述のワイン取引所を活発化するためにロスチャイルド自体があの手、この手と仕掛けているためでもある。

中国に長く滞在していれば解るが、中国の国営ＴＶ、ＣＣＴＶに年間を通し、連日ラフィット・ロートシルトの広告宣伝が朝晩流されていて、中国人の高額ワインの購買意欲を限りなく掻き立てているのを知る筈である。

この取引所を二〇一二年（平成二十四年）四月、上海で開催された国際ブドウ&ワイン会議とアジアワインコンクールに筆者が参加した際に招待によって見学する機会があった。一般の人の立ち入りは禁止され、取引所会員のみの入所が許されているが、中国では珍しく機能的で清楚な室内に、ＩＴを駆使した設備が自慢げであった。三十七階の窓からは対岸の浦東の高層ビル群のほか、眼下に上海市街の全貌が眺望できた。取引所からの帰りに、出口からエレベータまでの長い廊下の壁の両側に、フランスの高額ワインの木製の空箱が長蛇に残っているのに気付いた。まさにフランスワインに囲まれた象徴的な取引所の姿であった。

次に第二のロスチャイルド家の中国進出の事業である。

二〇〇九年（平成二十一年）、ロスチャイルド家のシャトー・ラフィット・ロートシルトは、中国山東省煙台市郊外に日本円で数十億円の資金を投入して、大規模で壮麗なワイナリーの運営に着手した。この周辺地域は「世界七大ワイン生産海岸美」の一つに数えられ、同地には世界の四大ワイナリーの張裕醸造グループのワイナリー、シャトー・カステル張裕と、国営の長城ワイングループに属して高級ワイン専門のワイナリーであるシャトー君頂など内外七十数社のワイナリーが集中している。

その要因は、同地が第一に葡萄栽培のテロワールに恵まれていること、第二に同地のインフラが整備されていること、さらに同地に飛行場が建設されているなど、ワイン生産と流通に好条件が揃っていることによる。

ラフィットの中国のワイナリーの葡萄栽培は六年目で順調に生育し、二〇一五年（平成二十七年）にはワイン生産の試験操業の予定である。同ワイナリーがフル稼働すれば年間二万トン台の生産が可能となる。

前記のロスチャイルド家の上海の赤ワイン取引所の設置は、この煙台のワイナリー建設との連動によるもので、将来の中国市場での高級ワイン消費の寡占化を狙った新たなる投資である。

ロスチャイルド家は今日では、国際的に発展する可能性の企業で、年間一兆円の売上のある企業の

M&A、また個人では一千億円以上の資産家をターゲットに資産運用の触手を伸ばすと言われている。そうした戦略のなか、ラフィットとムートンの〝ロートシルト〟のドイツ語の実名のままにブランド名を前面に押し出してまでの世界のワインの独占化に賭ける恐(おそ)ろしい戦術に、忸怩(じくじ)たる思を抱くのは一人筆者のみではないだろう。

先のボルドーの広告塔としてのロバート・パーカーの起用といい、将来のワイン市場の巨大化を見据え中国への進出を果たしたロスチャイルド家の野望を防ぐ手立ては、残念ながらないようである―。

(二)日本での〝潮流〟

本来国産葡萄によるワインの生産量が極めて少ない日本国内での小さな〝潮流〟ではあるが、ワイン醸造用に選抜する葡萄原種と、そのワイン造りの有り方のなかに、この四、五年の間に新たな〝潮流〟が起きている。

国内におけるワイン用葡萄樹の栽培種の主力は、これまで述べてきたようにヨーロッパ系種ヴェニフェラに占められてきたなかで、近年、北米系種ラブルスカや東北アジア型野生系種アムレンシス、さらには日本各地に自生する野生日本山ブドウ系品種コアニィティの育種にこだわるワイナリーが増えてきているのである。

このこだわりは周知のように一世紀近く、わが国の土壌に適応しにくいヨーロッパ系種の葡萄栽培によって化学性農薬の使用が避けがたいなか、澤登兄弟が実践してきた、「品種に勝る技術は無し」として、日本の風土に適応する樹勢の強い山ブドウの入手により、その選抜と育種の成功をみた結果、葡萄栽培での有機、無農薬、さらには今日的呼称である農薬不使用の理念に適う農法が確立されつつある。

勿論こうした葡萄栽培を選択するワイナリーのなかには、澤登兄弟がリーダーとして推進してきた日本葡萄愛好会や農業科学化研究所とは全く無縁に、食の安全性と日本ワインの純粋性を求めての理念から、選択肢として取り組んできたワイナリーも含まれている。

現在日本国内のワイナリーは増加傾向にあり二百二十社を超えている。筆者の調査によれば、そのワイナリーのうち十四%に当たる三十一社が野生日本山ブドウ系品種と東北アジア型野生系品種、さらには澤登晴雄が海外から入手した山ブドウ系品種をベースにしたワインを生産している。

また山梨大学元教授山川祥秀が開発したヤマソービニオンも近年に至り栽培面積が増大している（この山ブドウ系品種によるワイナリーの活動についての詳細は「第七章山ブドウ系ワイン」で記述する）。

これら山ブドウ系品種によるワインを生産しているワイナリーは、現在のところ二、三社を除き中小規模の企業が多く、したがってその生産量は限定される。

だが生産されたワインは地元自治体の支援もあっての地産地消で、毎年発売と同時に完売する人気銘柄も数多い。そのため他県や大都市の店頭でこれらの人気ワインを目にする機会が少なく、マスコミや国内のワインジャーナリストやソムリエに目に留まることは稀で、山ブドウ系品種ワインの実情が見落とされ残念ながらその評価が定まらない実情下にある。

毎年繰り返されるフランス南部の早飲みワインのボジョレー・ヌーボーのマスコミの浮かれる様に比べ、国内産山ブドウ系品種ワインの存在は大変地味である。

既述のように、わが国の近年のワイン消費量は微増の三十二万トン台で、このうち国産ブドウによるワインの生産量は八万トン台と僅か二十五%、あとはボトル及びバルクによる輸入ワインに占められている。しかし少量の国産ワインの生産量のなか、山ブドウ系品種ワインの生産は約千二百トン、ボトルで百五十万本強と涙ぐましい努力で頑張っているのである。しかも嬉しいことに毎年少量ながら増えている現状下にある。

この山ブドウ系品種のワインの生産拠点は主に北海道や日本海側のワイナリーで、ブドウ樹の耐寒性と樹勢の強さによって支えられている。

この山ブドウ系品種ワインに近年愛好者が増えている理由の第一は、やはり葡萄の有機栽培による食の安全性の確保、第二に地元の産業、地元ワイナリーに対する郷土愛、第三に日本土着のワイン本来の味を楽しむ、などが挙げられる。

この日本国内の〝潮流〟は、日本の国土に根ざしたワイン造りを提唱してきた澤登兄弟の理念の実践化であり、地元ワイナリーの葡萄栽培家とワイン醸造家による地道な努力の成果にほかならない。

またまた余談になる。三年前に国産山ブドウ系品種ワインの生産がボトルで百万本強の九百トンであることを、内外のワイン通としてテレビやマスコミに受けているTに筆者が話したところ「そんな筈はない。オーバーな話しでしょう」と一笑に付されたことがあった。

わが国で量産している大手五社のワインの生産はボトルの輸入と共に、その主力はバルクワインの輸入品の充填加工によって経営を支えている。しかもワイン市場での販売戦略の裏に、このうち三社がアルコール飲料でのライバル関係にあるビールメーカーが控えているという、大きな矛盾を抱える海外でも例の少ない産業構図となっている。

このビール三社と醤油と食品を親会社とする大手ワイナリー五社は、基本的に国内での大規模なワイン用葡萄栽培のリスクを避け、現在の自社畑や契約栽培のブドウ樹の多くは、ワイナリーとしての体裁を装う、いわば大衆向けの宣伝用の小道具にほかならない。

本来はわが国のワイナリーの牽引役として、日本の国土に根ざした葡萄の栽培とワイン醸造のお手本を示すべき大手五社が、海外ワインのパッケージ企業であることに、筆者は残念としか言いようのない気持ちで一杯である。

(三) 欧州〝自然派ワイン〟の台頭

Ⓐ フランスでの皮肉な誕生

この第五章ワインの今日的〝潮流〟の最大の国際的な奔流は、筆者は近年ワインの大国フランス及びイタリアで展開されている自然派ワインの台頭にあるとみている。

一八五五年のフランスのＡＯＣ格付制度制定から百六十年間続けてきたボルドー、ブルゴーニュを拠点とする世界各地における葡萄栽培方法とワインの醸造方法に対し、皮肉にもフランス国内から、ある意味での〝反逆的〟〝革命的〟な自然派ワインの生産方法が二十年以前に誕生し、その製法は今ではヨーロッパ全域に拡大しているのである。

この自然派ワイン生産の旗手や関係者たちは、一般的な既存のワインを「古典派ワイン」と呼称して差別化し、数十年後には〝骨董品的ワイン〟になるのではないかと予想している。

前述の「ロバート・パーカーの舌は神か」の文中での、奇態な国フランスの表現が、そのまま当てはまる何とも皮肉な〝潮流〟である。

フランス南部での自然派ワイン生産の二代目の青年の一人と、二〇一四年（平成二十六年）十月に東京で会う機会があったが、その話しのなかで、父親が二十三年前に六ヘクタールの農地でのビオ（Ｂｉｏ）ワイン、つまり自然派ワインを造る動機となった最大の理由にアンチ、ロバート・パーカー、アンチ、ＡＯＣ格付制度にあったことを聞かされた、と言う。筆者はそれを聞いて共感し、次に納得する点が多々あった。

アンチ、パーカーポイント、アンチ、ＡＯＣ格付制度は本章（一）の「Ａ ＡＯＣ格付制度を考える」と「Ｂ ロバート・パーカーの舌は神か」で記述しているので改めて読者に説明するまでもないが、パーカーポイントによる価格と品質の操作、そしてロスチャイルド家の世界のワインを独占制覇する野望に気づいた今日のフランス、イタリアの自然派ワイン生産のリーダーたちは、それら守旧派ワインを〝古典派ワイン〟と呼称して対抗、差別化し、新たなワインの生産方法を科学的に構築し、推進してきたのである。

自然派ワインは一九九〇年（平成二年）にフランス南部コート・デュ・ローヌ地方のワイナリー三社の有志により正式にスタートし、それに同調する仲間たちがフランス各地へと拡大した。その理念は一九九二年（平成四年）スローフード発端の地イタリアにも飛び火し、イタリア中部のトスカーナからしだいにイタリア各地へと広がった。

その自然派ワインの生産者たちは、健康的な本来のワインを目指し、地球規模での普及に自信を深めているのである。

Ｂ Ｂｉｏワインの定義

国境を越えた自然派ワイン、すなわちビオ（Ｂｉｏ）ワインの生産に共通する定義を記述する。

一　化学肥料や農薬の使用を廃し、有機的農法で育種された葡萄により醸造する。

二　人工的添加物である酸化防止剤（SO_2）の使用を極力抑える「これが醸造での最重要事項、筆者の注釈」。

三　酵母は自然酵母を使用する。

四　ワインはノンフィルター（無濾過）又は軽いフィルタリングする。

五　生産に当たって土壌、風土、人、葡萄の品質の総合的なハーモニーを個性的に表現する。

但し、これらの定義を一挙に実現するのには困難なワイナリーの存在を考慮し、最終的なＢｉｏワイン生産に至るまでに、次の三段階での農法を認めている。

㈠　農地の環境を配慮した減農薬農法（リュット・レゾネ）

㈡　自然（有機農法）

㈢　自然（無農薬による完全なビオディ）

ビオ（Ｂｉｏ）ワイン、つまり自然派ワイン（オーガニックワイン）の認証は前記の㈡と㈢であり、公式な認証機関（注34）により認証され呼称が許される。

これら自然派ワインの公式機関の認証によるワインはフランス名ではビオロジックワイン、英語ではオーガニックワイン、イタリア語ではビオロジコワインと呼び、この自然派ワインの究極のワイン生産方法は、生力学的自然農法（ビオディナミ Bio Dynamic）であるが、その前提条件は基本的に天体の影響力と生物の成長に反映させるという、人が最も理想とする農法である。現在ビオディナミを実践しているワイナリーは限られているが、将来的には地球規模でその広がりが増えるものと筆者は確信している。

ここで、これらビオワインの生産で全面的に禁止されているドーピング行為の農法及び醸造は次の通りである。

一　除草剤の散布。

二　化学肥料を加えること。

三　殺虫剤を散布すること。
四　出来る限り人工的に培養した酵母を加えない。
このほかに過剰な温度調整、色付け、過剰な補糖と補酸、樽香り付け目的の新樽の過度使用、酵素や熟成中のSO_2の過剰使用、清澄剤の使用などが含まれている。

Ⓒ Ｂｉｏワインと澤登兄弟

　前項の自然派Ｂｉｏワイン認証の定義の内容をつぶさに調べてみると、その内容に六十年も前に澤登晴雄が提唱し、その理念を実践してきた弟芳の葡萄栽培とワインの製造法に共通している点が多く、その事実に驚かされると同時に、公式のエコの認証機関がビオワインの法則を定めているフランス、イタリア、ドイツなどの先見性に頭が下がり、日本がこうしたヨーロッパ諸国の動きに遠く立ち後れている現実に、大変残念な思いを抱いたのである。

　では主に有機及び無農薬での葡萄栽培、さらに自然発酵した酵母と酸化防止剤無使用の醸造によるビオワインの肝心な味は一体どうであるか、である。

　ビオワインの味は、一度味わうと、既存の、つまり古典派ワインの複雑な味覚は妙に舌をざわつかせ飲めなくなる。ビオワインのシンプルさ、純粋さに古典派ワインは完全に敗れる。これは筆者の体験のみの感想と評価ではなく、筆者が勧めて試みに飲んだワイン愛好者やソムリエ、レストラン経営者たちが口を揃えての評価である。

ビオワインに共通しているのは、色は赤も白もやや控え目な色調であるが、香りは葡萄本来の果物としてのフルーティな香りが広がり、味覚は舌と喉の感触が爽やかで、体内に自然な食感のまま何のためらいも無く、スイスイと通っていく。

「自然派ワインだから美味しいのでは無く、美味しいワインを探していたら、それが自然派ワインだった」

これは自然派Ｂｉｏワインの愛飲者の口ぐせであるが、まさにその通りである。新鮮な葡萄ジュースのような自然で、その繊細な味は洋食だけではなく、和食にも大変良く合う。かなりの量を乾（ほ）してもスッキリした感触が五臓六腑にしみわたり、古典派のテーブルワインにありがちな二日酔い的な体感とは無縁である。手を加え、調整した味では無い。

顧（かえり）みるに、古来のワインはある時期までそうしたものであったかもしれない。つまりは自然派ワインは古（いにしえ）のワインの〝復活〟とも言える。ともかく美味である。だからこそ二十五年の間に、ビオワインの輪が広がったのだろう。

Ⓓ Bioのワイナリー

二〇一三年（平成二十五年）現在の自然派ワインの各国のワイナリー数を紹介する。

フランス

十一地方、ワイナリー数三十五　八十七銘柄

フランスのビオワイン生産のワイナリーはすでにほぼ全土に広がっているが、この流れに同調するワイナリーは多く、現在農法の改良を進め準備中であると聞く。既存のビオワインの生産者の規模としては五、六ヘクタールの小規模から、百ヘクタールを超す大規模なワイナリーもあるが、平均的には十五〜二十ヘクタールの葡萄畑の所有者が多い。自然農法によるワイン造りの理念は、志した祖父から父、そして孫へと確実に引き継がれている。

生産されたワインは健康志向の高まるユーロ圏のほか、首都パリやリヨンで人気の定番となり、ワインバーやレストランではボルドーワインのグランクリュ（最上級のブドウで造られた格付ワイン）を出す店は連日がらがらでも、ビオワインを提供する店は予約無しでは入られないほどの盛況を呈している。

イタリア

七州　ワイナリー数十二　四十四銘柄

イタリアは二十州により構成されているが、現時点では七州でのビオワインの生産に留まっている。しかし近年アグリツーリズモの発祥地であるイタリアではスローフードと共に、自然派のビオロジコワインは若者を中心に愛飲者が広がっており、今後新たなワイナリーの拡大が期待されている。トスカーナのワイナリー、ラ・チェレータはビオディナミによる自己完結形農法をすでに取り入れている。

スペイン

二地方　ワイナリー数二　二銘柄

スペインでの自然派ワインの生産は二ワイナリーであるが、間もなく東部バレアレス海岸と内陸部でビオワインの認証されるワイナリーは、カタルーニャ地方ペネデス地区、モンサン地区、またエブロ地方カラタユ地区、カスティーリャ・レオン地方のリベラ・デル・ドラ地区など数多くのワイナリーが控えている。

（四）注目される中国の〝潮流〟

世界のワインの今日的〝潮流〟の奔流は、前項でヨーロッパ諸国における自然派ワインの台頭にあることを述べた。

だが近年の中国のワインに賭ける戦略と戦術の凄まじさは、自然派ワインの潮流をも凌ぐ勢いが見られる。

詳細については本文第十章「未完の中国ワイン」で後述するが、本稿では重複を避け、既存の古典派ワインと呼称されるボルドーやブルゴーニュの関係者を脅かすまでに至っている、ただ一国の中国のワインの戦略を明らかにしたい。

Ⓐ 中国、ＧＤＰで米と僅差

自由主義国家のジャーナリストや報道関係者の多くが、中国経済はここ三、四年翳りを生じ、中国経済の崩壊が間近であるかのように報じ、その報道を一般人までが信じている向きがある。

しかし十年間以上の長きにわたり、高水準の経済成長を続けてきた国が、途中で一服した例は数多くみられる。これまで中国国家をＧＤＰ（国民総生産）で世界第二位に押し上げた、したたかな中国共産党が光と影の、影の部分を軌道修正する時期を迎えて、それで国家の崩壊の兆しと断じるのは総計であろう。と言って別に筆者は中国共産党に肩入れしているわけではない。むしろ近年の中国の覇権主義的行為に対して少なからず怒りを感じている日本国民の一人でなる。

この中国経済の原則に、主に政治や軍事面で中国批判を続けている日本をはじめ欧米の政治や経済のリーダーたちは、中国経済が鈍化すると自国の経済に悪い影響を受けかねないと上海、深圳、香港などの中国株の動きを注視しているのが世界経済の実情である。見方を変えると、中国経済の成長性にG7（注35）を初め世界各国が期待し、依存しているのが真相である。驚くべきことに二〇一四年（平成二十六年）十二月、中国はアメリカのGDPと僅差になった。

B ワイン生産で世界四位

ここで中国のワインに賭ける戦略を述べると、経済成長の微減にも拘わらず、この数年のワインの生産量と消費量は毎年一二～一五％の増大を続けている。増大率が仮に先行き微減となっても、四、五年後では生産量で二百三十万トン台の世界第四位のアメリカを超え、代わって中国が世界第四位になることは確実視されている。また消費量においても、四、五年後には世界第四位の二百万トン台のドイツを抜き、世界第二位のアメリカの二百八十万トン台にかなり近づくことが予想される。

この生産量の拡大の背景には多くの要因が挙げられるが、その一つとしてワイナリーの数でみると、一九八五年（昭和六十年）の三百五十から二〇一四年（平成二十六年）には千二百、さらに二〇一八年（平成三十年）には千五百に増加する予定で、この三十三年間に全国各地に四倍強のワイナリーが稼働及び稼働することになる。

ワイナリーの増大についての特徴は、二〇〇〇年以前のワイナリーは、超大手の張裕、長城、王朝、大手の華夏、怡園などを除く数多くのワイナリーは、年間の生産量で三百～五百トン台の小規模のワイン生産量によって占められていた。しかし二〇〇〇年以後の新たなワイナリーは千トン～五千トンの生産量となる中規模のワイナリーのほか、前記の張裕、長城などによる一万トン～二万トン台の大規模なワイナリーが中国各地に建設されるなど、将来の中国でのワインの消費量の増大を見込んで、大型のワイナリーが出現しているのが大きな特徴である。

Ⓒ 中国独自のワイン造り

中国共産党はこれまで、国民の健康管理と内陸の農家の所得向上、葡萄栽培によるインフラ整備、さらにはワインの液体流動資産としての価値観から、ワインの生産と自国での消費の拡大化を推進してきた。

そのため一九九五年（平成七年）から二〇一〇年（平成二十二年）までの十五年間、ヨーロッパ、特にフランスのワイン専門家の指導と国際ブドウ・ワイン機構（略称ＯＩＶ）（注36）の協力を仰いできた（この間の事情は後述する）。

しかしその十五年間に指導料とワインの醸造資材の購入に莫大な費用を費やしてきた。日本人の筆者の目からも、中国は屈辱的な、まるで搾取に近い金銭を主にボルドーの商人たちが牛耳るＯＩＶに支払ってきたのである。中国経済が追い風を受けた成長期にあったとは言え、中国に滞在していたＯＩＶのイタリアやドイツのスタッフたちは、フランスのＯＩＶ幹部らの中国との余りにも露骨な金額のやり取りに恐れをなし、以降、中国でのワイン醸造の指導や資材の供給などの関わりを断って次々と帰国した。帰国する際にイタリアのスタッフの一人は、筆者に「昔の植民地に対する態度だ」と首を竦めていた。これによってフランス人ＯＩＶの幹部たちは、中国で独り舞台となり、そうした事情は二〇〇四年（平成十六年）から二〇一〇年（平成二十二年）まで続いていた。

だが屈辱的な支払いによく耐えた中国側は、二〇一一年（平成二十三年）までにヨーロッパの醸造技術とワイン生産の効率的な機具、資材などの多くを学び、二〇一二年（平成二十四年）以降中国独自の葡萄とワインの開発に大きく転換を図ったのである。その根底には脱ヨーロッパワイン、脱フランスの意志が秘められている。言葉を変えると、十五年間中国を後進ワイン生産国として踏み台としてきたフランスなど先進ワイン生産国へも巻き返しの時期が到来したとも言えよう。

しかし、これまで中国向けワインの輸出（二〇一三年（平成二十五年）時に約五十万トン）に大きく依存してきたヨーロッパ及びニューワールド諸国の関係ワイナリーは、将来大きなダメージを受けることが予想される。

D 仏のワイナリーと空港を買収

前述のように新たなワイン生産の拡大と共に、二〇一四年（平成二十六年）末現在、海外ワイナリーを中国資本により数多く傘下に収めている。

世界の四大ワイナリーの一つで、中国最大のワイナリーの張裕醸造グループ及び中国国営の中国粮油公司グループの中粮集団（COFCO）は、フランスのボルドーの百余、ブルゴーニュ三十のワイナリーをすでに買収傘下に収めている。また注目すべきはボルドーに近いトゥールーズ空港の運営をフランス資本から買収し終えている。これはフランスと中国間のワインの輸送の利便性を見据えての配慮でもある。このために中国はすでに上海及び煙台の沿岸に巨大なワイン貯蔵庫を完成させている。

このほかイタリア、オーストラリア、アメリカのナパ、チリなどの数多くのワイナリーを中国資本と海外華僑資本により買収している。

これら中国の世界のワインへの戦術は、ロスチャイルド家とユダヤ資本によるワイン市場の制覇の野望に対抗するものである。まさにワインを介してのユダヤ資本と中国共産党プラス海外華僑との両勢力の綱引きとも言えよう。

E 日中葡萄栽培の共通点

またまた諺であるが、「遠くの親類より近くの他人」と言う。日本の葡萄とワインの関係者は、遠方のヨーロッパのワインに憧れてその生産ワインの多くがヨーロッパに占められている。しかし澤登兄弟はテロワールを含め、あのヒマラヤのモンスーンの影響下にある中国と日本の共通点を早くから察知し、その両国の葡萄栽培の課題を克服するべくヒマラヤをはじめ中国とその周辺に足を運んだ。また中国側も同じ認識を共有しており、日本での民間の葡萄栽培のリーダー的存在であった当時の澤登晴雄が主宰する、東京国立市の農業科学化研究所に一九九八年（平成十年）、中央科学院植物研究所の楊芙蓉女史を一年間留学研修させた。それが機縁で日中両国の園芸家の交流が大いに深まった経緯がある。

もっとも、それ以前の一九七二年（昭和四十七年）、日中国交回復により、田中角栄首相が植物研究所の北京植物園に桜の木を送り、次いで一九八一年（昭和五十六年）に澤登晴雄が日本葡萄愛好会の代表団を率いて北京植物園にブラックオリンピア、ハニージュース、ピオーネなどの優良ブドウ品種を贈呈するなどの実績が、中国側に高く評価されたことが下地となっている。

その後、楊芙蓉はブラックオリンピアとの交配により、京亜、京優などの新種の育種に成功している。また楊芙蓉が開発した〝京秀〟は、澤登芳が日本での試作を託され現在も故澤登芳の牧丘のフルーツグロアー澤登で見事な実を実らせている。

この項の冒頭に「遠くの親類より近くの他人」という諺に触れたのは、葡萄栽培においては、日本と中国は東北アジア型アムレンシスと野生日本山ブドウのコアニニェティと土壌が生育上に共通点が多く、両国の共同研究が進めば、山ブドウの新種の開発に弾みがつき、優良なワインが誕生することに間違いないだろう。

澤登兄弟二人は、晩年に至るまで中国とのブドウを介しての交流に強い関心を持ち中国との行き来を続けていた。詳細は「第十章未完の中国ワイン（一）拡大を予知した澤登兄弟」で述べる。政治面はともかく、日本産ワインの専門家たちは隣国中国でのワイン生産と消費に大きなうねりを生じている現状を鑑み、筆者としては両国間の交流を深めることが肝要であると考えるが如何であろうか。

第六章　貴種〝小公子〟

（一）十年かけて成功

ワイン醸造用の小公子については、本書の口絵カラーⅳ頁で棚仕立ての見事な房の遠景と艶やかな実を、またプロローグ十九頁に「好評博す小公子ワイン」で紹介している。

澤登兄弟が国内で戦後にいち早く有機栽培による生食用及びワイン醸造用の山ブドウ系品種の数多くの交配育種に着手し、選抜した優良品種は日本葡萄愛好会を窓口に、その苗木を会員に配布し、品種特性の全国調査をするために栽培を委託している。

小公子以外の山ブドウ系品種のワインに関しては、次章第七章にまとめて述べる。ここでは貴種小公子の様々な情報と逸話に絞り記述する。

小公子はヨーロッパ種に日本の山ブドウの血を入れる事により、日本の風土に合った品種に改良したもので、セイベル一三〇五三号と中島一号を交配したと言う説のほか、モスクワのアムレンシスとの混成受粉によるものであるという説もある。このように澤登晴雄と弟の芳が十年以上の歳月を経て育種と選抜に成功した貴重な品種である。当時、晴雄の所で山ブドウの多くの交雑育種が行われていた。なかでも小公子は粒が小さく着粒も不良だったため、あまり注目されていなかった。しかし山梨でこれを試作していた芳は、栽培方法の改善と選抜を重ねるなかで、栽培体系を確立し、これを用いたワインを東京農業大学で試験醸造してもらうことで、その魅力を見出したのであった。

この小公子の最大の特徴は糖度が非常に高くなるが、酸が切れにくく有機栽培が可能であること、また樹勢が強く耐寒性に優れていること、タンニン酸とアントシアニジンの含有が豊富であることだ。国内ではヨーロッパのヴィニフィラ以外でのまさに重要なワイン醸造用の品種と言える。この品種開発の成功は、牧丘で澤登芳が長年手塩にかけて試作を続けてきた努力による賜(たまもの)である。

ワインとしての誕生は二十八年前の一九八七年（昭和六十二年）山梨県山梨市の東晨洋酒で最初のワイン製造に入り、翌年に勝沼の勝沼醸造に委託したものがリリースされ大きな反響を呼んだ。この結果、プロローグで紹介したように、北は岩手県のくずまきワインから、白山ワイナリー、ココファーム、常陸ワイン、勝沼醸造、長野の河原保、広島の三次のワイナリー、島根の奥出雲葡萄園、大分県の安心院(あじむ)の安心院ワインの九ワイナリーでのワイン生産の広がりとなった。

本書の執筆に当たり二〇一四年（平成二十六年）十二月、各ワイナリーに小公子のワインに対する今後の取り組みを問いただしたところ、くずまきワイン、白山ワイナリー、常陸ワイン、河原保、三次ワイン、奥出雲葡萄園、安心院(あじむ)ワインの各ワイナリーなどは「固定化した愛飲者が多く、将来にむけても小公子ワインの生産に力をいれていきたい」との方針を示している。

小公子ワインの持つ色と味の力強さは、ヨーロッパのカベルネソーヴィニヨンに勝るとも劣らない。筆者が小公子ワインを味わったのは二〇一一年（平成二十三年）のごく最近であったが、初めて口に含んだ時、既述のようにイタリア中部のサンジョベーゼ（Sangiovese）種のブッルネッロ・ディ・モンタルチーノ（Brunello di Montalcino）（注37）に出会ったような感激を覚えた。この小公子ワインの高い評価は、これまでに国内のみではなく、海外の専門家にも絶賛されている。

（二）海外でも高い評価

二〇〇四年（平成十六年）に来日したオーストラリアのワインジャーナリスト、デニス・ギャスティン（Denis Gastin）（注38）は、二〇〇〇年（平成十二年）及び二〇〇一年（平成十三年）に勝沼醸造「代表有賀雄二」で製造した小公子ワインを二〇〇三年（平成十五年）一月に山梨県牧丘の澤登芳邸で試飲している。その折に次のように評価している（酒販ニュース二〇〇四年六月号）。

「深紅色でスパイシーなブーケがあり、粘性のある舌触りで粗いタンニンは無く、山ブドウ特有のピリッとした酸があり素晴らしい。キジ焼、イノシシ鍋などが完璧に合う」

この小公子との縁もあって、デニス・ギャスティンは翌年の二〇〇五年（平成十七年）に熱海で開催された日本葡萄愛好会総会で、「山ブドウワインの可能性と国際的な位置づけ」と題し講演している。

またイギリスのワイン有力誌、「ワインレポート」の二〇〇六年版のグローバル・レポートのアジア編で、「日本特有のワイン」として次のように紹介している。

「小公子と名付けられたワインは、日本葡萄愛好会の澤登ファミリーによって研究開発され、日本山ブドウとヨーロッパ葡萄との交配により育種され、勝沼醸造で製造されて注目されている」

前述のデニス・ギャスティンの小公子ワインとの出会いには、商務官として勤務していた在日オーストラリア大使館時代の一九八六年（昭和六十一年）から日本の山ブドウに興味を抱き、日本での山ブドウ系品種でのワイン造りのパイオニアである北海道池田町の十勝ワインを訪ねたことによって始まったのであった。

そして一九九二年（平成四年）には池田町の元町長丸谷金保の葡萄栽培地を訪ね、そこで「十勝アムレンシス」のワインを試飲し、さらにその後に当時の「清見」と山ブドウを交配した新種、「清舞」を味わった。

小公子ワインとの出会いによって育種家澤登芳に接し、「山ブドウの伝統を如何に進化させるか」について多くを学ぶと同時に、芳の己の人生を賭け、自園のブドウの真価を追求している〝鬼(Wizard)〟のような姿に敬意を表し止まなかったのである。

つまりは日本国内でヨーロッパ系品種のみでのブドウ栽培が多勢を占めているなかにあって、ワイン造りの既成概念を破り、当時としては少量ながらも山梨県で山ブドウ系品種の小公子ワインが生産されていた事実に驚きを持って受けとめたのであった。

この時期、オーストラリアはニューワールド(後進ワイン生産国)ではあるが、世界第五位の生産量を誇りながら、デニス・ギャスティン元商務官と、その上司に当たる本国の商務大臣ジョン・トーキンス等が、自国でのヨーロッパのワイン生産に対して、アジアでの島国、日本での山ブドウ系品種ワインの開発と生産に強い関心を寄せていた事実に驚かされると共に、日本国内の葡萄とワインの生産者が、如何に〝灯台下暗し〟であったかの思いをめぐらせ、筆者は痒い念を抱いたのである。

(三) ブッルネッロに酷似

縁あって筆者はフランスよりイタリアを訪ねる機会が多い。
ワイン小公子を試飲した第一印象は既述のようにイタリアのトスカーナ州のブッルネッロ・ディ・モンタルチーノに酷似していると感じた。色、香りと同時に、渋味、苦味、酸味が程良く調和し、後口が爽やかで上品であった。この味わいの本質は、メドックの格付の赤ワインに勝るとも劣らない力強さがあり、これが有機栽培の葡萄によるワインかと一瞬疑ったほどである。少し誉め過ぎかと思われるかもしれないが、二〇〇四年（平成十六年）の小公子は国産ワインを味わったこれまでのどのワインよりも優れているように思われた。

先行き優れた自然酵母と、より高度な醸造技術が加味されたなら、これまで以上の小公子の真価が引き出される素質を充分に秘めているとみたのである。

前述のようにブッルネッロ・ディ・モンタルチーノの中核の品種はサンジョヴェーゼである。このモンタルチーノの弟分と言える近郊のモンテル・プチャーノのヴィーノ・ノビレ・ディ・モンテプチャーノと、周辺地域のキャンティ・クラシコ・リゼルヴァなどとの同系種である。

ブッルネッロの草分けは、百四十年前にトスカーナ州シエナの南東五十キロの標高四百メートルの丘陵地帯で、クレメンティ・サンティがブッルネッロ種を発見し、一八六七年のパリ万博でブッルネッロ・ディ・モンタルチーノのブランド名で金賞を獲得した。その後、ビオンディ・サンティと改称し、モンタルチーノのワインの進化に尽力してきた。

シエナに近いモンタルチーノの地形となぜか小規模ではあるが山梨県牧丘の丘陵地帯に良く似ている。南傾斜で葡萄栽培地の標高と住民の現在の人口も同程度である。またワインの品種もブッルネッロと小公子がフルボディでの長寿ワインという共通点もある。

ビオンディ・サンティがリリースするワインは現在も葡萄育成の優良年であるか否か、そしてブドウ樹の樹齢の長短、さらに房の実の選抜などにより何段階にも分けている。そして百二十年前のビンテージが飛び抜けて高額であることは、ワイン愛好家なら誰もが承知している事実だ。

(四) ヒマラヤを加えた小公子

今回本書の執筆にあたり、筆者は愛好会会員ワイナリーの九社が生産する小公子ワインを全て試飲した。二社を除いて七社は二〇一三年(平成二十五年)の造りである。

二〇〇八年(平成二十年)の勝沼醸造が丹精を込めた造ったフルボディの小公子ワインは、山梨県牧丘の故澤登芳の栽培原料で、樽貯蔵によって風味を感じる逸品となり、七年を経て飲み頃で濃厚なタンニンとしっかりした酸味が味わい深かった。だが同社に委託醸造した「牧ノ庄赤葡萄酒」の二〇〇四年(平成十六年)が飛び抜けて良かったとの記憶が強く印象にある。

他の七社の二〇一三年(平成二十五年)の小公子ワインのうち、大分の安心院(あじむ)ワイン、福井県の白山ワインと長野の河原保の栽培の小公子ワインが特に印象に残った。白山ワインの自園での栽培ブドウの小公子ワインは、他の小公子ワインが山ブドウ特有の濃厚さが引き立つなかで、凛(りん)とした気品のなかにほど良い軽やかさが口いっぱいに広がり、フルボディでありながら臙脂（えんじ）に近い赤色の洗練された色彩の中に技術の高さが窺（うかが）われた。もっともこのワインは二〇一四年（平成二十六年）の日本ワインコンクールで奨励賞を受賞していて当然な評価と言える。試飲中にイタリア中部のブッルネッロを彷彿（ほうふつ）させ、一瞬美しい丘陵のトスカーナの風景が頭をよぎった。

　長野の河原保の自園によるブドウ小公子約七〇％と、今日では国内で僅かに栽培されているなかでの自園でのヒマラヤ種（次章山ブドウ系ワイン（一）を参照）二〇％との混合による小公子ワインは、長野県飯田市の喜久水酒造での製造による。河原は製造販売に当たり、この小公子ワインのポリフェノールの含有量を重要視し、毎年、長野県工業技術総合センターに分析を依頼している。ちなみにポリフェノールの含有量は二〇一二年（平成二十四年）産一リットル当たり二七四〇mg、二〇一三年（平成二十五年）産三五二〇mg、二〇一四年（平成二十六年）四七一〇mgであった。

　ポリフェノールを構成する物質、タンニン酸とアントシアニジン等を多量に含む小公子と、それを上まわるヒマラヤを加えた醸造ワインは、さらなる濃密な味わいであった。出来うれば十年後の二〇二〇年頃にはほど良い飲み頃を迎えるのではないかと思われる。それにしても毎年ポリフェノールの含有を重視し、分析を依頼している河原の熱意には頭が下がる思いであった。

　最後に大分県宇佐市の安心院の安心院ワインの小公子であるが、製造年は二〇一二年（平成二十四年）で、二、三本残して完売した銘柄となっていた。小公子ワインの生産量が他の品種にくらべて少量なこともあるが、二〇一二年（平成二十四年）の出来は色は黒に近い赤紫、ミントやスパイス、そして焼き栗のようなスモーキーな香りは山ブドウならではのユニークなもので、その味わいはフルボディワインの愛飲者の期待を充分に応える力強いもので、山ブドウ系品種のワインであることを忘れさせる貴重な逸品であった。

栽培が順調に進めば、将来同ワイナリーのシンボルワインになることは間違いない。

第七章　山ブドウ系ワイン

前項で澤登兄弟と日本葡萄愛好会のワイナリー有志により、原料のブドウを大切に育種し、日本を代表するワインとなった小公子ワインを記述したが、本稿では小公子以外の山ブドウ系品種を紹介する。なおワイナリー別の山ブドウ系ワインの生産状況及びその特性については後述の「第十一章　愛好会ワイナリー十一社」で記述する。

（一）レスベラ多量のヒマラヤ

◎ブラック　ペガール

この品種は紅マスカットと山ブドウを交配した大井上康（注25を参照）育成の「成功」とフランスの「セイベル九一一〇号」と交配したもので、短楕円形で紫黒色の赤ワイン原料用の品種。試験栽培は山梨県山梨で行った。近年、山梨県勝沼を中心に各地でワイン用原料として広く栽培されている「マスカット・ベリーA」と比較して、果房が小さく長円錐形で果粒も小さい。果汁の酸が多く香気に特性があり色が紫を帯びて美しい。

一九七三年（昭和四十八年）に試験栽培に入り、赤ワイン用原料として適正判定を行い、一九八六年（昭和六十一年）七月に第一〇三〇号として農水省に登録された。くずまきワイン、奥出雲葡萄園、白山ワイン、常陸ワインなど数社のワイナリーが生産している。

◎ワイングランド

この品種は「モスクワアムレンシス」の実生（種子から発芽させて新しい植物体（苗）を得ること）にフランスの「セイベル一三〇五三号」と「中島一号」を交配して作出されたもので一九六九年（昭和四十四年）に山形県朝日村と石川県で試験栽培を行った。中房、中粒、紫黒色の赤ワイン原料の品種であるが、ロゼワインもきれいに仕上がる。「マスカット・ベリーA」と比較して果粒が小さく「メルロー」との比較は果皮と果肉の分離が容易であること、「カベルネ・ソーヴィニヨン」及び「メルロー」と比較して粒着が粗いことが特性とされる。

一九八八年（昭和六十三年）一月、第一五二一号として農水省に登録された。ワインには白山ワイン、常陸ワイン、山梨のフルーツグロアー澤登が、また青森の諏訪内観光ブドウ園はジュースとして加工販売している。

◎ホワイト・ペガール

この品種は前記の「成功」に「セイベル九一一〇号」を交配して選抜し育成した。試験栽培を行った山梨県山梨市で九月から十月初旬に成熟する白ワイン用品種である。「セイベル九一一〇号」と比較して果粒が大きいこと、甘味が薄いこと、香気に特性があることがあげられる。豊産性で高品質のワインが出来る。

一九七一年（昭和四十六年）から山形、茨城、山梨各県で栽培と醸造試験を開始し、一九九四年（平成六年）八月、第四〇六二号として農水省に登録された。奥出雲葡萄園、常陸ワインなど数社のワイナリーが白ワインを生産している。

◎ヒマラヤ

澤登晴雄がパキスタンのヒマラヤの海抜五千メートルの山岳地帯で採種したタネの実生(みしょう)選抜。樹勢が強く小房、小粒で紫赤色の果汁は超濃厚。耐病性も最高で二十五年間一度も薬剤散布無しの無農薬、有機栽培で、日本の赤ワイン生産に〝光〟を当てたい品種である。葉の拡勢量は大きく剪定に特殊な方法を考える必要がある。

この品種は長野県飯田市の河原保の自園で大切に育成され、このヒマラヤと小公子の混合によるワインが限定で生産されているが、大変濃厚で力強いワインが造られ愛飲家の間で人気が高い。ポリフェノール類も、近年人体に効用をもたらすレスベラ・トロールの含有量は他の国産ワインに無い高濃度で、ヒマラヤ種の今後の育種が注目される。

◎国豊三号

この品種は生食、ジュース、ワイン用と用途が広いところから地方自治体、特に高冷地、過疎地での観光用に利用されている。山ブドウ系品種としては珍しく大房で果粒がしっかりしていて、地上に落としても裂果せず熟成期も早い。高冷地の栽培が可能でポリフェノールが多く、赤ワイン用及び健康飲料用ジュースとして重要視されている。熟期は早く豊産。

（二）ある醸造家の理念

本書の執筆に当たり、山ブドウ系品種ワインの多くの生産者に、ワイン造りの理念を訊ねる機会があった。そのなかで、筆者の心に特に響くワインボトルに表記した山ブドウ系品種ワインに対する常陸ワインの三代目の先代代表檜山幸平の想いを紹介したい。常陸ワインの本体檜山酒造は一八八四年（明治十七年）創業、現在は四代目代表檜山雅史。

山ぶどう交配品種について

「ワインの品質はその原料ブドウの良否に左右され、古来より欧州種「ヴィティス・ヴィニフェラ」からのみ良質のものが出来るとされてきた。これら欧州種は夏乾帯の中央アジア等が原産地で、夏湿帯の日本の国土は成育が不適で、多くの労力と農薬、資材を必要とし、尚かつ良品の安定生産が困難である。

国産ワインが本場ワインに比してコンプレックスを感じてきた所以である。しかし戦後、日本の野生山ブドウの中で欧州系に近い優秀なワイン原料となり得るものがあり、世界のワインコンクールに入賞した事実を契機にこれらの山ブドウの交配品種の中から、私共の国土で作り易い優良品種を厳選し、自社栽培して得た価値あるブドウだけを原料として純国産高級ワインの夢をのせ心をこめてつくりました。日本人として真に優れた国産ワインを創造し、すこやかに育て伸ばしていきたいとそれが私共の誇りであり希いであります」

(三) 十勝のヤマソーヴィニオンとの改良種

愛好会関係の山ブドウ系品種ワインとは別に、現在国内の最も多い約二十社のワイナリーが生産しているヤマソーヴィニヨンに触れたい。

ヤマソーヴィニヨンは野生日本山ブドウ（Vitis Coignetiae）と周知のヨーロッパ系種カベルネ・

ソーヴィニヨンとの交配により、山梨大学の山川祥秀教授（当時助教授）が開発に成功した新種である。山川は一九七八年（昭和五十三年）から交配育種試験を始め、農水省登録は一九九〇年（平成二年）である。豊かな果実味としっかりした骨格により、今日では山ブドウ系品種ワインの横綱格の代表的な生産量となっている。ちなみに山川は山梨大学退官後に同大学の名誉教授となり二〇一四年（平成二十六年）五月まで日本葡萄愛好会の顧問でもあった。

また北海道のワイナリー十勝ワイン、池田町ブドウ・ブドウ酒研究所は、一九六四年（昭和三十九年）設立の日本国内での本格的な山ブドウ系品種ワイン生産のパイオニアである。

その設立の動機は既述（第三章海外見聞録（一）ソ連紀行参照）のように当時の池田町町長の丸谷金保（注28）と国立の農業科学化研究所所長澤登晴雄とが戦前の至軒寮（注14）以来の友誼により、町おこしのためのワイン造りに晴雄が助力、指導したことによって十勝ワインの基礎を築くに至った。

時を経て池田町に自生する山ブドウ「アムレンシス」と、後に導入した「セイベル」との交配により、数々の山ブドウ系品種ワイン生産の有力なワイナリーへと成長した。町内に自生するアムレンシスに始まり、既述のように独自の改良品種の技術革新によって安定した品質を維持している。

（四）高潮に克つ山ブドウ

二〇一四年（平成二十六年）五月中旬、北海道道南の幾つかのワイナリーを訊ねた折に、亀田郡七飯町のはこだてわいんに立ち寄った。そこで大変貴重な体験を聞くことが出来た。

はこだてわいんの七飯町の本社から北に約二百キロ先の日本海側の岩間郡岩内の海岸線に沿ったワイン用のブドウ畑が、前年二〇一三年（平成二十五年）十二月に高潮に襲われ、同社の幹部たちは直ぐに被害状況の調査に出かけた。

そして翌年の春、主力のヨーロッパのケルナーなどワイン用のブドウ樹は全て海水で樹勢が衰えて枯死したなか、ロシア系の東北アジア型野生種アムレンシスの山ブドウのみは芽を吹き、例年どおりに実をつけた（その後の話しで赤ワインの生産が可能となった）。

筆者がはこだてわいんを訊ねた時期「芽が吹いた」と聞いたのであったが、同社の幹部は、日本の土壌に馴染んでいる山ブドウの樹勢の強さに改めて驚嘆したとの感想を漏らしていた。

その話しに感動した筆者は、岩内海岸沿いの山ブドウの現地の記録写真を、同社取締役渡辺富章に無理に頼み、帰京後入手できた。

第八章　日本ワインバンクの誕生と、その意義

(一) 各界の代表が賛同

一九七六年(昭和五十一年)、日本国内で初の画期的と言える日本ワインバンクが国立市の農業科学化研究所に設立された。設立の趣旨は次の通りである。

一、葡萄栽培家は日本原産種を交配した品種を無農薬、有機農法による栽培をすること

二、醸造家は原則として公害のある薬品を使用しない。

この澤登晴雄の発案の趣旨に賛同した全国各地の葡萄栽培家及び醸造家、さらに良質ワインの愛好者たちは、設立趣旨に添って造ったワインを、「ばんくわいん」の統一ラベルで流通することを前提に、参加会員の入会金を十万円、年会費一万円に取り決めた。

初代理事長に日本葡萄愛好会理事長で農業科学化研究所所長の澤登晴雄が就任する。

ワインバンク設立の発起人には全国各地のワイン醸造用の葡萄栽培家及び醸造家では、北海道の十

勝ワイン、山形のタケダワイナリー、茨城の檜山酒造、長野の林農園、山梨の機山洋酒工業等、さらにバンクワインの趣旨を踏まえた良質ワインの愛好者側からは食品販売者、レストラン経営者、出版、新聞記者、著述業らのジャーナリスト、自然食品研究者に官界の有志、農協関係者と医者など、同時期に第一線で幅広く活躍している数十名の人々が名を連ねた。

この日本ワインバンクの設立は澤登晴雄にとって三十年にわたる山ブドウの研究と有機農法の集大成とも言え、面目躍如たる思いがあったに相違ない。

（二）ばんく和飲（ワイン）

バンクワインの誕生は、今日のＢｉｏワイン造りの走りであり、また趣旨を理解した賛同者を集った全国規模での組織づくりという点で、わが国のワイン生産の歴史の一頁を飾る、画期的なワイン生産の活動団体としての意義を持つものであった。

ワインの生産は会員の葡萄栽培家によって産出された有機栽培の山ブドウ系品種を原料とし、会員の醸造家での委託製造及び委託販売方式とした。なかには葡萄栽培と醸造、販売と一貫方式を選ぶワイナリーもあった。

醸造家として携わったのは山形の月山ワイン、佐藤ぶどう酒、タケダワイナリー、茨城の檜山酒造、長野の林農園、山梨の勝沼醸造、機山洋酒工業等である。

生産ワインのラベル「ばんく・わいん」は、和食にも合うワインの愛称として「和飲」と呼び、その後に巷間呼称されるようになった「和飲」の起源は、このワインバンクによるものである。

発足後、日本ワインバンクは会員及び予備会員に対し、生産されたワインを「日本ワインバンクの誇り」として次のようにアピールした。

「従来、日本ではワインを求める際に、舶来レッテルだけを見て、高くても飲み、それも防腐剤添加やブレンディングによってカバーされた味とも知らず、いつの間にか無造作に舶来ワインに馴らされてきた。

日本ワインバンクのラベル
写真提供：日本葡萄愛好会

私たちはこうした事実に抵抗を感じ、この日本に心から納得できて、味わい甲斐のある日本ワインができないものか、と追求しつづけております。そうした結晶としてワインバンクを誕生させました。

ワインバンクは日本の国土に根ざした品質の良いブドウを厳選し、醸造も量産方式ではなく、丹念な手造りをモットーに純粋に国産高級品種としての風格をもってつくられました。

良いワインを健康の増進のため、そして人間同志の温かい信頼をひろめるために〝和飲〟して下さい」このアピールのなかに、葡萄栽培家、醸造家、そしてなによりも良いワインを志向するワイン愛好家の〝日本ワイン〟に賭ける熱い思いがこめられていることが理解できよう。

近年に至ってはともかく、これら四十年以前に山ブドウ系交配種をベースにしたＢｉｏワイン造りに傾注したワインバンク関係者によるワイン生産の技術革新と、ワイン飲用による健康大事のモットーの先見性に対し、今改めて筆者は脱帽する思いである。

（三）第三セクター誕生の契機に

二〇〇一年（平成十三年）の澤登晴雄亡き後、このワインバンクの〝精神〟は澤登芳を中心に様々な形になって、葡萄栽培家とワイン醸造家、そして多くのワイン愛好家に継承されていると言える。具体的には後述の「第十一章愛好会ワイナリー十一社」のなかでも述べるように、葡萄栽培とワイン造りのコンセプトの一つとして生かされている。

またワインバンク創立時の組織作りの方式は、その後ワイナリー設立への個人参加、さらに地方自治体を中軸に、企業や団体、個人参加による第三セクターの誕生の道を切り開く契機となり、地方での「村起こし」の原点となった。

こうしたワイナリーの誕生は、多くの船頭の舵取りによりワイン生産の品質に問題を生じかねないとの批判する向きもある。だが単独資本の老舗ワイナリーが本来の良質なワイン造りの精神を欠き、評価の定まらないワインを産出している例もあり、一概に良否をくだすには当たらないと考える。

日本ワインバンクの誕生は理想的な葡萄とワイン造りを追求したわが国初の活動団体であり、その目指した〝精神〟は現在でも様々な形で息づいていて、その意味でパイオニア的な存在価値は今なお失ってはいない。

第九章　生食用葡萄品種

これまで本書の紙数の多くがワインに関する記述が占めてきた。だが澤登兄弟による日本葡萄愛好会に、多い時は全国の四百を越える葡萄栽培農家が会員として集った動機には、澤登晴雄が育成した日本の気候風土に適した葡萄の美味はさることながら、葡萄栽培における耐寒性、耐病性、樹勢の強さ、有機農法を求めての期待が込められていたことによる。この期待と結果とたゆまぬ努力が日本葡萄愛好会五十五年の事蹟を支えてきたのである。

本来は、国や地方の農業や果実試験場等の公的機関が率先して葡萄栽培のための品種開発と指導、普及を為すべき志向性を日本葡萄愛好会が代行して推進してきたと言っても過言ではない。この半世紀を越える事蹟は今も全国各所の葡萄栽培家に引き継がれている。この項は澤登晴雄が作出した生食用とジュース用の自園売り、観光用の葡萄品種を紹介する。

（一）国立シードレス

生まれつきの種無し葡萄。有機、農薬不使用栽培向き。果実は黄緑色、果汁は多く甘みと酸味は中、香気に特性がある。果皮と果肉の分離は容易。耐病性があり独特な肉質でファンが多い。

一九六五年（昭和四十年）に山梨県下で交配試作、一九八六年（昭和六十一年）七月に第一〇三一号として農水省に登録。

（二）ハニー・アーリー（ピアレス）

「ビッテロビアンコ」に「セネカ」を交配した欧州系品種と米国系品種の交配種。非常においしく耐病性に富む。有機、農薬不使用栽培向き。果粒は黄緑色。卵形の中粒、果皮と果肉の分離は難で皮ごと食せる。糖度が高い高級品種。

一九六八年（昭和四十三年）から福島、石川、奈良の各県下で試験栽培を行った。登録出願時の名称は「ハニー・ホワイト」であったが第四〇六三号として正式登録された一九九四年（平成六年）八月に「ハニー・アーリー」ピアレスに改称。

(三) クニタチ・アゼンス(セピア)

果粒の色は青黒又は紫黒色の中粒。マスカット系の香気。欧州系品種と米国品種の交配種。甘味強く豊産。甘口のワインやジュースにも適し観光用、自園売りとして最適の品種。一九九四年(平成六年)八月、第四〇六四号として登録。

(四) マスカット・トーキョー(東京マスカット)

大房で中粒。卵形で紫赤色。甘味はやや強く(糖度一八～二〇度)で酸味は少ない。香気はマスカット香である。

一九八八年(昭和六十三年)一月、第一五一九号として登録。

(五) 紅沢(ベニサワ)

色は淡紅色で円形の中粒。樹は小さく樹勢は中。果皮の厚さも中。果皮と果肉の分離は容易。甘味は強く酸味は少。香気に特性がある。「デラウェア」と比較して果房が大きく果粒も大きい。「キャンベル」に近く、耐寒性に富む。自園売り向き。一九八八年(昭和六十三年)十二月、第一八二一号として登録。

（六）シリウス（ブラックオリンピア晩生）

巨峰と巨鯨との交配種で、巨峰系４倍体の品種。果皮の色は青黒色又は紫黒。果粒は倒卵形の極大粒。樹の広がりは大きく樹勢はやや強。甘味は中、酸味は少なく果汁は多。果皮と果肉の分離はやや容易。香気はフォクシー。一九九七年（平成九年）十一月、第五七九三号として登録。出願時は「ブラックオリンピア・エース」であった。

（七）秀玉（ブラックオリンピア早生）

巨峰と巨鯨を交配して選抜された巨峰系４倍体の品種。果皮の色は青黒又は紫黒、果粒は倒卵形の極大粒。甘味は中、酸味は少。香気はフォクシー、果汁は多。「シリウス」と同じ一九九七年(平成九年)十一月、第五七九四号として登録。一九七八年（昭和五十三年）に特性を確認した。出願時の名称は「ブラックオリンピア・アーリー」。

（八）オリンピアエース（オリンピア）

本書の冒頭のプロローグその二で紹介した優良品種。赤色の高級品種で国内での代表的な生食用の品種。「シリウス」「秀玉」と同じ巨峰と巨鯨を交配して育種された4倍体の品種。果皮の色は紫紅色。果粒は短楕円形の極大粒。樹の広がりはやや大。樹勢はやや強い。果皮の厚さは大。果皮と果肉の分離は中、果汁は多、香気はフォクシー。オリンピアエースとして一九九八年（平成十年）三月、第六二一三号として登録。

一九六一年（昭和三十六年）から各地で試験栽培と調査を行い、一九六四年東京オリンピック時に「オリンピア」（通称）と名付けられた。一九七七年（昭和五十二年）に特性の安定性を確認した。

（九）国立レッドモヌッカ（マドンナ）

果皮の色は深紅色。果粒は楕円形の大粒。樹勢は強。甘味は中、酸味は極少。渋味は少。香気無し、果汁は少。ソフトな感触。

二〇〇六年（平成十八年）三月、第一三八九〇号として登録。皮ごと食べられる最高級品種。

一九七四年（昭和四十九年）に澤登晴雄がアフガニスタンのヒンズクシィーの山中で発見して導入し

た赤色のモヌッカ系実生（みしょう）の系統を用いて育種された。一九九一年（平成三年）に育成を完了。出願時の名称は「マドンナ」。

早生のデラックスマスカットに混合花粉を交配して得られた実生（みしょう）に、前述のモヌッカ系の実生（みしょう）系を交配して育成された。

（十）アイドル

デラウェアに代わる品種を求めて一九七四年（昭和四十九年）に交配され、育成された。生まれつきの種無しの早生品種。房も大きく三百グラム台になる。樹勢はやや弱いが耐病性はデラより強い。日本中どこでも栽培が可能。露地でも可能だが雨除けは必要。

（十一）ハニージュース

「オリンピア」に「フレドニア」の花粉を交配して育成したもの。

九月中旬に成熟する大粒、円形、紫赤色。肉質は塊状、果汁は多。甘味は中（糖度一六〜一七度）、酸味は少、香気はフォクシー。生食用であるがジュースにも美味しい。

日本中どこでも栽培できる品種で耐病性は大、有機無農薬栽培に適しているが、脱粒性が強く輸送性は低い。大房は七百グラムになるが三百～四百グラム位が良い。初心者、自家用、自園売りに最適。一九八八年（昭和六十三年）一月、第一五二〇号として登録。一九七七年（昭和五十二年）頃から奈良、石川、神奈川各県下で栽培を行い特性調査を進めた。

第十章　未完の中国ワイン

（一）拡大を予知した澤登兄弟

この半世紀に世界で最もワインの生産と消費が拡大し、躍進した国は他でもない隣国の中国であり、その躍進は現在も進行中である。

そして今後、おそらく三十年から五十年後には世界でのワインの在り方、それは生産と消費の量的な増大のみではなく、葡萄の品種やワインの品質と価格、さらにはワインの飲み方（マナー）についても、これまでのワインの世界に新たな影響を与えるのは、未完の中国ワインの存在にあることを筆者は確信して疑わない。

世界のワイン市場における中国の現状についての概要の一部は、すでに第五章「ワインの今日的〝潮流〟」の（四）、「注目される中国の〝潮流〟」で記述した。だが本章では少し頁をさいて、国際的に余り知られていない未完の中国ワインの現状と将来の方向性を詳細に述べることにする。

このように中国のワインにこだわる所以（ゆえん）は、現在も筆者が中国のワイン醸造大学に籍を置いていることにもよる。だが、それ以前に本書の主役たる澤登晴雄と芳の兄弟が共に中国大陸のブドウ探査と中国の関係者との交流に生涯を賭け、晩年に至るまで中国訪問を願い続けた深意のなかに、ヨーロッパの葡萄とワインの大きな存在とは別に、将来世界の葡萄とワインの市場に多大な影響を与える未完の中国を見据えての存念が秘められていたものと、筆者が強く意識するようになったのである。

聘书

INVITATION

Ze Dengfang is invited to be a member of the panel of judges for the Second Asian Wine Quality Competition (2006).

Asian Wine Quality Competition Orgnizing Committee

April 19. 2006

兹聘请 澤登芳

为第二届亚洲葡萄酒质量大赛（2006年）评审委员会委员。

亚洲葡萄酒质量大赛组委会

2006年4月19日

アジアワインコンクール評価（審査）委員への招聘状　写真提供：澤登早苗

筆者が西北農林科技大学林学院の客員教授に任命されたのが一九九七年四月で、次いで同大学の葡萄酒学院の名誉教授に任命されたのは二〇〇一年の四月である。

こうした経緯のなか、二〇〇六年の四月十九日、山東省煙台市がＯＩＶ（注36）から世界で七番目の国際ワイン文化都市に指定され、その祝賀記念に第一回煙台国際ブドウワイン博覧会が開催されたが、その博覧会に筆者が葡萄酒学院の王華副院長と共に講演を依頼され、陝西省楊陵の葡萄酒学院を留守にしていた。その留守にした時期に奇しくも澤登芳が日本葡萄愛好会ワイン部会の会員らと共に葡萄酒学院内での第二回アジアワインコンクールに参加していたことを後に知ったのであった。

　このアジアワインコンクールの澤登芳の参加は、アジア唯一のワイン醸造大学を介しての筆者との奇縁でもあった。

　芳の葡萄酒学院の訪問は、既述のオーストラリアのデニス・ギャステン（注38）の推薦により、当時の李華葡萄酒学院院長（現在、総合大学副学長、葡萄酒学院終身名誉院長）の招聘によるもので、勝沼醸造の二〇〇四年製造の「小公子」ワインを出展すると共に、コンクールの審査委員（中国では評価委員）まで務めたのである。

　さらに、その前年の二〇〇五年には澤登芳は日本葡萄愛好会中国研修旅行団団長として葡萄とキウイフルーツの研究と交流に中国農業科学院北京植物園を訪問、過去に国立市の農業科学化研究所の研修生であった楊芙容らと旧交を温め、その後西安市郊外の西安葡萄研究所を視察している。

　体が不自由ななか、こうした中国での事跡は澤登芳自身、兄の前理事長晴雄亡き後も、日本と中国の葡萄とワインの研究と

西北農林科技大学本部「陝西省楊陵」
写真提供：筆者

交流に如何に情熱を持って取り組んできたのかを知る証左にほかならない。

澤登芳が一昨年（二〇一四年）十月に他界する直前の八月二十三日、山梨県笛吹市の病床に筆者が見舞った際、「この数年は中国行きが適わず残念―」と吐露した姿を思い浮かべ、それまでの多くの研究と体験により、中国での葡萄栽培が拡大化し、ワインの多量生産が可能となって、その先に世界のワイン市場の一極を占めるであろうことを予知していたものと推測するのである。

筆者は過去に「中国ワインの現状」について、著述とは別に日本のワイナリーのオーナーやワイン関係者を前に講演する機会が多々あったが、まず講演を前に筆者の名刺を見た参加者が、「中国にワインの大学があるの？」「中国人がワインを飲むの？」「中国にワイナリーがあるの？」と、疑心暗鬼の面持ちで筆者の話しを聴く。スライドや写真集を見せて講演が終了した後にも、半数の人は信憑性を疑って会場を後にする。他のアジアや欧米のワイン関係者との温度差を強く感じるのである。

情報が極度に発達している今日、この蒙昧さと言うか偏見性に筆者はしばしば戸惑うのである。欧米の文化産業面での情報については、日本人はかなり明るいようであるが、こと同じアジア圏に属しながら、アジアの文化産業となると極端に疎いのが現実のようである。

さて、日中両国間での政治と領土問題は省き、文化産業の一面を担うワインの認識について考えてみるとき、その溝の深さに改めて驚かされる。

まず日本側の認識の問題点であるが、日本人の一般の歴史観では、第一に、「中国には古くから中国酒があり、中国人とワインは無縁である筈」、第二に、「もし現実に中国で大量にワインが生産されているのなら何故日本国内で販売されていないのか——」

この日本人が抱く疑問について、第一については少し長くなるので後述することにし、第二の疑問点から説明しよう。

現在、中国国内ではワインブームが続行中で需要に供給が追いつかず、従って価格も需要と供給のバランスから高値に推移し、海外に輸出する余裕のない状況下にある。ただ、香港、シンガポールなど華僑が多く居住する一部の都市には少量輸出している。

ちなみに中国でワインブームが起きる以前の一九七〇年代に、中国産の王朝（銘柄名ダイナスティDynasty）の白ワインが日本にかなり輸入され、帝国、東急、オークラなどの大手ホテルの中国料理部門のほか横浜、神戸の中華街でもワイン愛好者に提供されたことは年輩者なら知っている事実で、ワインの出来はまずまずであった。

(二) ワイン飲用の歴史

Ⓐ 四千年以前から飲用

日本人の多くが抱く第一の疑問点である、歴史的に「中国人とワインは無縁である」との認識であるが、これは基本的に大きな間違いである。

二〇一二年（平成二十四年）に技術評論社から刊行された『食べる力が日本を変える』のなかでの筆者の「激変する世界のワイン市場＝中国ワインが世界を制する日」の文中に、中国ワイン急成長の背景の五大要因の一つに、「ワイン飲用の歴史」について触れ次のように記述している。

「中国の長い歴史のなかで、葡萄酒としてのワインの飲用が不幸にも数回禁酒断絶した時代があった。しかし、ＢＣ（紀元前）一七五一年の殷から始まり秦、漢、唐の各時代に上層階級を中心にワインが盛んに飲用された事蹟は、残された多くの文献や絵画によって明らかである。

また殷よりさらに遡(さかのぼ)った夏(か)の古代遺跡からは、ワインを貯蔵した壷と酒器が大量に発見された。なかでも二〇〇四年（平成十六年）に中国と米国の共同調査が河南省舞陽遺跡において行われ、九〇〇〇年以前の壷の底から野葡萄の蔦と酒石酸が発見され、これを国際考古学会が正式に認定している。この認定によって古代中国でワインが飲用されていたことが立証され、ワインが西洋のみの飲用ではなかった証左となったのである。

この事蹟は中国人の体が、胃が時代を越えてワインを記憶し、中国酒と同様、違和感なく飲用できることが、今日のワインブームを招く起因となったと考えられる」

この筆者の調査研究による記述により、中国人の多くがワインの飲用に抵抗感なく、中国酒から転換できた下地の要素のあったことが理解できよう。筆者は長く食品の開発研究に従事してきた経験から、人間の胃には、古来からの食習慣を脳の力以上に記憶し、その記憶力が継続してDNAに引き継がれていることを知っている。つまり、中国人の胃は、遠く古代からの葡萄酒ワインに馴染んできたからこそ、今日のワインブームを支えるパワーとなっているのである。

Ⓑ ヒュー・ジョンソンも指摘

ヒュー・ジョンソンはイギリス人のワインジャーナリストで、ワインの世界に強い影響を与える権威者の一人である。そのジョンソンも、中国人のワインの飲用の歴史について筆者と同様の考えを記述している。

先にことわっておくが、ジョンソンのこの記述を知ったのは二〇一三年（平成二十五年）十月に阿佐ヶ谷の古本屋で入手したジョンソンの著書の一節によるもので、前述の筆者の記述はジョンソンの受け売りでないことを明記しておきたい。

さて一九九〇年（平成二年）六月に刊行されたヒュー・ジョンソン著の『ワイン物語』（小林貞夫訳、日本放送出版社刊）の上下巻の上の第二章での、「初めてのブドウが踏まれた場所」の文中、「はるかなる中国」の記述の中にある。蒙昧な日本のワイン関係者の覚醒を願って、少し長くなるが、原文のまま引用することにする。なお文中の注釈は筆者による。

はるかなる中国

「中国文明は、青銅器時代にかなり発達していた。そして、ある種のワインがそこで重要な役割を果たしていた。殷・周王朝時代（注釈：紀元前一七五一～一〇五〇年）神託を占うべっ甲や骨に刻まれた甲骨文字が、当時の宗教儀式の様子を伝え、すべての宗教儀式にワインが使われていた。ワインを飲むことは、それ以上に（台北の故宮博物館の館長の言葉を借りれば）「古代から英雄や詩人がとくに好んだ気晴らしであり、人類の文化史上数えきれぬ傑作の創造に貢献してきた」のである。

中国には葡萄が自生していたが、その中にヴィテェス・ヴィニフェラはなかった。中国の最初のワイン用葡萄の輸入はきちんと文書に残されている。それは紀元前一二八年ペルシアからもたらされた。

—中略—

中国にいた外国使節は、後年、皇宮（注釈：前漢の武帝時代、都は長安、今日の陝西省西安市）から、ほど離れていないところにムラサキマゴヤシ（注釈：観葉植物の一種で馬の飼葉）と葡萄の圃場があったことを記している。

中国の古文書によると、葡萄はカシミールに、後年はシリア（これはローマ時代後期である）に豊富であると記している。しかし、中国語の（そして今では日本語の）「葡萄」いう言葉の語源はペルシアへの最初の遠征（注釈：武帝の命令で張騫将軍の長期遠征）に由来するようだ。ペルシア後期の葡萄を意味する言葉は「ブダウ」である。（注釈：これが〝葡萄〟と名の起源となった）

—中略—

マルコ・ポーロの一三世紀後半（注釈：宋の時代から元時代のフビライ皇帝の時期）の中国のワインについての説明は権威がありそうである。

「山西省は素晴らしい葡萄を多く産し、かなり大量のワインを供給している。中国でワインを生産しているのはここだけである。それゆえ、ワインはここから国中に運ばれている」

このヒュー・ジョンソンの記述は、中国の「史記」（注39）とマルコ・ポーロの「東方見聞録」（注

40）による文献と、台湾の故宮博物館館長の説話に基づくものであろう。だが文中での「山西省は素晴らしい葡萄を多く産し、かなり大量のワインを供給している」とのイタリア商人マルコ・ポーロの見聞記録は重要な意味を持つ。すでに七〇〇年以前の一二七五年以前に、中国で本格的なワインが生産され、広く販売されていたことを示している。ただマルコ・ポーロの山西（注釈：当時〝省〟の呼称は無い）地方のみでのワイン生産という記述は間違っている。皇帝フビライの居城上都（北京に近い）郊外の河北省や河南省からもワイン醸造場の遺跡が数多く発掘されていることから、宋と元の時代にはすでに国内数カ所にワイン生産拠点があったことが明らかである。

ところで、山西のワインである。十年前に山西省の肝入りで、省都太原から郊外百二十キロ先の丘陵地帯に大規模なワイナリーが建設された。山西戒子ワイナリーである。

代表の王慶偉は筆者の西北農林科技大学葡萄酒学院の最初の生徒であった。二〇一三年（平成二十五年）より三千トンの優良ワインを生産しているが、将来フル稼働で一万五千トン台の生産を見込んでいる。

このワイナリーは国外では勿論、中国国内唯一の、宋時代の中国伝統の宮殿様式で構築された正門と表玄関、回廊、見晴台、客殿、広場など、全て仏教と宮殿の複合の美術装飾の極み尽くしていて、ワイナリー全体が美術館のようで欧米のワイン関係者から驚嘆の声が挙っている。ワインカーブは丘陵の山腹の低温の土蔵で、周辺は美麗な回遊式庭園に囲まれている。見学中誰もが、ワインの香りと宮殿のきらびやかさに、不思議と夢うつつとなり、別世界に居る感じるのである。

以上の記述は、筆者は勿論、ジョンソンの言わんとすることは、中国と中国人は歴史的にワインと無縁ではなかったことにつきる。

戒子ワイナリー　「山西省太原郊外」
中国宮殿式ワイナリー　写真提供：筆者

日本では明治時代まで、伝統的に農民による山ブドウ系ワインを薬用酒代わりに飲用してきたのに対し、中国は、ワイン用葡萄の発祥地である中央アジアや中東からの導入により、ワインを生産、貴族への献上品のほか、商取引として広く普及し、嗜(たしな)んできた事実が理解出来る筈である。この中国のワイン飲用の文化は、マルコ・ポーロの東方見聞録記述以前の唐の時代の紀元六二〇年に隆盛し、宋、元、明へと引き継がれてきたのである。

中国と中国人がワインと無縁ではなかったことが、今日の中国ワインの生産の躍進の一因にあったことを、この項を通じて認識を改めていただければ幸いである。

(三) アジア唯一の醸造大学

筆者が十八年間、外国人教授として籍を置く中国の大学の紹介は、読者諸兄に自分の宣伝的意味があってと勘ぐられるのではないかと気が重い。しかし、中国ワイン躍進の信憑性を解く意義と、中国の今日のワイン産業の成長に、ワイン研究と人材の育成に多大に貢献してきた葡萄酒学院の存在は重要であり、ここに敢えて紹介することにした(なお、日本国内でのパソコン、スマートフォンでも、中国と初めに明記し次に大学名を入れると検索が可能である)。

Ⓐ 農業特区の学園都市

中国の西北農林科技大学葡萄酒学院(Northwest Agriculture and Forestry College of Ecology)は、一九九四年(平成六年)に、一九三四年(昭和九年)に創立されていた国立西北農林専門学院と西北農業大学、西北林学院を中心に、中央科学院の五つの研究機関との合併により再スタート時点で、農業大学内の醸造学科が昇格して葡萄酒学院(College)として誕生した。

中国での西北とは文字通り中国全土のほぼ中心部の平原に位置し、古代の五千年以前からの農業の重要拠点であった。この食糧の補給のための農業の隆盛により、洛陽、長安、咸陽、西安と続く中国の古都として、文化、軍事、経済の発展を支えてきたのである。

大学の本部は陝西省咸陽市の、国家として唯一の国家特別農業特区の楊陵地区内にあり、葡萄酒学院は中国国内のみではなく、アジアで唯一のワイン醸造の単科大学である。

勿論、中国国内の大学の醸造学科としては、北京の中国農業大学、山東省の山東農業大学、四川省の四川農業大学、甘粛省の甘粛農業大学など十大学内に設置されている。だが、その教育課程の規模と既述したＯＩＶ（国際ブドウ＆ワイン機構）のアジア事務局を学院内に併設している点で、中国国内では最も充実したカレッジと言える。

総合大学としての西北農林科技大学は二〇一三年（平成二十五年）現在、一般学生二万九千人、教員は千七百人、大学の管理下に高校、中学、小学校、幼稚園を有し、学生や教員と家族の寮と下宿屋、それに関係する銀行、病院、警察、消防、旅行会社、食堂、商店、ホテルなどを含めて七万人が居住し、楊陵人口の七割を占める一大学園都市となっている。

海外からはアメリカ、ドイツ、日本からの留学生が五十人余、またアメリカ、イギリス、カナダ、イスラエル、ドイツ、日本、オーストラリア、ニュージーランド、オランダの五十以上の大学との研究機関と提携、協力関係を構築している。日本では筑波大学、九州大学、立命館大学、鳥取大学、それに日本総合地球環境研究所等と研究協力協定を結んでいる。

B 学内のOIVの支援と協力

葡萄酒学院は総合大学を構成する二十の学院の一つである。学生数はワイン醸造の専門家を育成する特別な教育研究過程を要するため四年生課程と修士及び博士を含め、大学内では最も少数の三百五十名で、教員数は正、副教授と助手を含めて五十名から成る。

既述のように学院内のＯＩＶ（国際ブドウ＆ワイン機構）の支援と協力もあって、中国に点在する約千三百のワイナリーのうち、その七〇％のワイナリーの醸造と五千カ所のブドウ畑の技術指導を行っている。

葡萄酒学院の初代院長李華は、四川農業大学卒業後、醸造技術の取得にフランスに留学、帰国後誕生直後の初代院長に就任。十年の間にそれまでの国内ワイナリー三百から六百の拡大化に技術と人材の育成に貢献し、その功績により三十代後半の若さで北京の全国人民代表会議の委員に推薦された経緯がある。

現在は総合大学の副学長に昇格、葡萄酒学院の終身名誉院長となり、二代目院長は夫人の王華が受け継いだ。夫婦共に名が〝華〟と言う鴛鴦（おしどり）夫婦で、ワイン業界で広く親しまれている。王華は北京オリンピックで楊陵農業特区の聖火ランナーを務め、また学院卒業生の技術向上の取得のためのワインの海外研修の受け入れ要請に、フランス、アメリカ、カナダ、オーストラリアなどの世界中の大学とワイナリーを駆け回って、筆者とは副院長時代から十六年間の親交がある。

一九九四年（平成六年）の葡萄酒学院の創立後、四年修了と修士、博士の卒業生は千百名、短期の研究生千名を含めて約二千名が巣立っている。

二〇一四年（平成二十六年）四月に創立二十周年を迎えて新築の校舎を建設し、大学内で盛大な祝賀会が行われた。筆者も福島県会津若松市の農業委員会委員でソムリエの小川孝を誘って参加した。

卒業生のうち優秀な人材は、前出の山西省の中堅ワイナリー、戒子ワイナリーの代表となったほか、世界の四大ワイナリーの一つ、中国を代表する張裕醸造グループの副社長李記明は出世頭の代表でもある。現在の張裕、長城、王朝の中国の超大手ワイナリーのみでも、葡萄酒学院の卒業生百余名が入社し、醸造や附属の研究所の幹部の一員となり活躍している。

C 十九省三自治区を巡る

筆者が葡萄酒学院の外国人として西北林学院の客員教授から葡萄酒学院名誉教授を務めるに至った機縁は次のような経緯がある。

一九九五年（平成七年）から一九九六年（平成八年）にかけて、日本国内で健康茶の杜仲茶ブームが起き、一九九七年（平成九年）に陝西省西安市の西北大学で第一回杜仲国際会議が開催された。

当時、在野で食品の開発と機能分析に従事していた筆者は、杜仲葉によるグリーン杜仲抹茶の開発に成功、特許庁から製造特許を取得したことが業界内で注目を浴び、西安での国際会議に日本側の代表の一員として、日本大学薬学部（部長高橋周吉）のゲストとして参加した。会議終了後に西安市郊外楊陵の西北農林科技大学を訪ねたのが縁で、大学幹部と親交を深め西北林学院の客員教授を引き受けた。その三年後に躍進中の葡萄酒学院に請われて名誉教授に就任したのである。

学院内での当初の講義は、葡萄とワインの機能分析学であった。しかし、当時ヨーロッパのワインの実情に疎い学生たちには、筆者の「世界のワイン文化論」が活きた講義として人気を呼んだ。その後中国で注目が高まった「山ブドウと山ブドウ系ワイン」の開発の評価、さらに二〇一二年（平成二十四年）に筆者が製造特許を取得した「葡萄葉茶の製造」に関連した葡萄葉のレスベラトロールの人体への効用など、時局の研究と体験による活きた講義と講演を重ねてきた。

その間に山東省の煙台市がＯＩＶから国際ワイン文化都市に認定されたことから、ＯＩＶ主催による煙台での国際会議に葡萄酒学院を代表して幾度か講演する機会があった。また二〇一〇年（平成二十二年）に筆者の著書『ワインの力』が欧州十六カ国で構成されるグルマン世界料理本大賞（注41）の健康飲料部門に入賞した。奇縁にも同年、北京の中国農業大学発刊雑誌「中国葡萄酒（Wine CHINA）」がグルマンの雑誌部門で入賞したことによって筆者と同大学と交流を深めることにもなった。

さらに、二年に一度開催されるＯＩＶと葡萄酒学院共催による「アジアワインコンクール大会」に日本人代表として十年間評価委員（審査員）を務めたことで、大会事務局から「中日ワイン文化特別貢献賞」を二〇一二年（平成二十四年）に授与された。

こうした中国のワインとの縁により、この十八年間に、学院とＯＩＶとの関係で中国全土の二十一省五自治区のうち、十九省三自治区内の主なワイナリー百五十カ所と葡萄畑を巡ることが出来た。この経験は外国人は勿論、本場中国の関係者でも稀(まれ)だそうで、時には予期せぬ冒険をまじえての貴重な経験は、幸いにも日本人唯一の体験者となったようである。

（四）中国、急成長の秘密

今日までの中国のワイン産業の急成長の背景の裏には次の五大要因が挙げられる。

Ⓐ 国策の五大要因

（1）ワイン飲用の歴史

中国と中国人のワイン飲用の歴史については、前項（二）のⒶ、Ⓑで既述しているので省略する。

（2）経済発展が追い風

中国のワイン産業が急成長した大きな要因には、開放経済の段階的発展がタイミング良く重なりワイン消費の急伸に追い風になった。沿岸都市の富裕層と中間所得層から内陸の大都市を経て中小都市へと消費が拡大した。ワインは大都市の食品販売店から地方のコンビニでも販売され、春節や中秋節、慶事などでの最適なギフト用品となり、普及化が着実に進んだ。

（3）ワインの飲用を奨励

北京中央政府は国策としてワイン用葡萄の栽培とワインの生産、消費を次の観点から奨励している。

①葡萄栽培の拡大により、一般農家の所得向上を図る

②ワイン飲用による人民の健康志向（中国酒の多くはアルコール度数が高く健康を害する要因となってきた）

③葡萄畑の開拓とワイナリー建設による周辺地域のインフラ整備の効果。

④前記③による周辺農家の雇用の拡大。

⑤中国酒の原料である米、粟などの穀類価格は収穫量の大小に左右されるが、葡萄は対象外で影響を与えず、栽培の拡大化へと進む。

海抜 2,500 メートルの葡萄畑「四川省小金」　写真提供：筆者

（4）砂漠と高地の開拓

これまで困難とされたきた東アジア地帯でのワイン用葡萄の栽培がにわかに中国で拡大した底流には、一九九〇年（平成二年）前半に内外の葡萄専門家による研究調査により、中国全土が総体的に雨量が少なく、不向きとみられた砂漠地帯での山岳の伏流水の活用によって栽培が可能となった。また山岳高地での葡萄栽培も適温地帯の探査により、良質の葡萄の育成が促進されることになった。

これによって中国の広大な砂漠地帯と山岳高地での葡萄栽培が一挙に進み、全土各地でのワイナリー建設と相まってワイン生産の拡大化に繋がった。

（5）外貨導入への効果

ワイン生産の三大先進国のフランス、イタリア、スペイン、またアメリカ、オーストラリアを代表とするニューワールドと呼ばれる後進ワイン生産国は、近年に至って過剰生産に陥り、ワインの取引価格の低迷が続き、さらに消費量の頭打ちの情況もあって、自国内でのワイン生産と消費に限界を生じて生産調製を行っている国もある。

その活路に広大な領土による葡萄栽培と、華僑を含めた人口十四億人を抱える中国人消費量の将来を見据え、中国国内にワイナリーの建設、また既存ワイナリーへの投資へと踏み切った。

各国の大手ワイナリーのオーナーと投資家は、中国のワイン関係者との間で様々な形で手を結んでいる。また、これまでの中国のワイン産業の裏には、海外各地の華僑やユダヤ資本による投下資本も多大で、二〇〇一年（平成十三年）から二〇一三年（平成二十五年）までの十三年間で三千億円にのぼるとみられている。

こうした中国のワイン産業への外資導入が大きな支えとなり、ワイン生産拡大の効果をもたらした。

Ⓑ 生産拡大の方策

北京の中央政府の管理下にある中国酒、ビール、ワインなどのアルコール飲料業界の総元締（もとじめ）である中国粮酒工業協会の王延文理事長は、公式の席で常々、二〇三〇年（平成四十二年）までに、中国のワイン生産と消費量で世界一になることを目標にしていると述べている。

神沟九寨紅ワイン「四川省九寨」標高 3,000 メートルの山岳。正に天空のワイナリー。　写真提供：筆者

現状はその目標の半ばにあり、その意味において筆者は敢えて〝未完の中国ワイン〟と呼称しているわけである。

中国での二〇一三年（平成二十五年）の国内産ワインの生産量は百三十八万トン、輸入ワインはバルクとボトルを合わせて五十万トンと国内の消費量は百八十万トンであった。この内訳は中国でのワインの年間一人当たりの平均消費量が一・四リットルで、将来日本人並みの一人当たりの二・三リットル（二〇一三年）に増大した場合、中国国内の消費量はアメリカの全消費量二百八十万トンを超えて、世界最大のフランスの消費量三百五十万トン（一人当たり四十八リットル）に近づくことになる。

では王延文理事長、つまりは中国のワイン産業界が目標とするワインの消費と生産の拡大には如何なる策があるのかを分析してみよう。

（1）国内生産区の拡大

二〇一〇年（平成二十二年）までの中国の主なワイン生産区は次の十大生産区であった。

①膠東（山東省）②蓬莱（山東省）③東北（遼寧省）④北京沙城（河北省）⑤昌黎（河北省）⑥天津（河北省）⑦賀蘭東麓（寧夏自治区）⑧河西走廊（甘粛省）⑨新疆（自治区の砂漠地帯）⑩西南（雲南省）

しかし、その後僅か三、四年の間に山ブドウ系品種ワインを含めた新たな生産区として六大生産区が誕生ないしは建設途上にある。

⑪湖南省北部（張家界）⑫江西省北部（景徳鎮近郊南部）⑬陝西省（西安市近郊）⑭四川省西南部⑮山西省（太原の近郊）⑯内蒙古自治区

この新たな六大生産区のワイナリーがフル稼働した場合、二〇二〇年（平成三十二年）には三十万トン以上の生産が見込まれ、先の十大生産区の増産を合わせて二百万トン台となり、減産が続くアメリカの世界第四位の生産量と同等又は追い抜くのは時間の問題である。

（2）海外ワイナリーの買収と品質向上

目下のところ、中国のワイン生産の五三％は張裕、長城、王朝、威龍の大手ワイナリー四社で占め

シャトー君頂本館ロビー「山東省蓬莱市」 写真提供：筆者

シャトーカステル張裕「山東省煙台市」 写真提供：筆者

られている。

この醸造グループ四社は、それぞれワインの生産とブドウ栽培の拡大化に邁進中である。なかでも世界四大ワイナリーの一翼となった張裕醸造集団の例をみると、これまでの山東省煙台と主にアイスワインを生産する遼寧省と北京近郊の巨大ワイナリー愛斐堡に加え、二〇一三年（平成二十五年）より西の寧夏、新疆、陝西に大規模なワイナリーを完成、これまでの二十万トン台の生産量から三十万トン台にと生産を増大した。

だが、これら国産生産の急増とは別に、海外各所のワイナリーの買収と資本参加も進めている。

張裕はすでにフランスをはじめ六カ国の五十五のワイナリーの買収を完了している。この民間大手の張裕の海外ワイナリーの取得に対し、中国政府系の食粮集団、中国粮油食品公司（略称中粮集団：COFCO）と、古くからのフランスとの合併会社王朝集団も海外各地の有力なワイナリーの買収と資本参加を進めている。

こうした三社の海外ワイナリーの支配力によって、周辺諸国へのワイ

張裕愛斐堡ワイナリー「北京市郊外」 写真提供：筆者

砂漠地帯の糸都酒業ワイナリー「新疆ウイグル自治区」 写真提供：筆者

ン輸出と、中国本土への逆輸入によって各社のワイン生産の拡大に大きく貢献するものとみられている。

過去に大量生産によるワインの品質低下が中国ワインの最大の弱点と言われてきたが、中国人技術者の技術の向上によって五〇％以上のワインが国際基準に達するまでに進化してきた。また前述の十六大生産区のうち先発の十大生産区はフランスに倣い、近年、原産地呼称制度を制定し、品質の強化に努めている。

こうした努力によって量産化のワインもしだいに品質が良くなり、数年後には八〇％以上の中国ワインが国際水準に達するものと筆者は推測している。

（五）アジアがワインの一極に

中国ワインがアジア地域で突出した量を生産しているものの、近年日本のほかに実は中国に続けとばかりに、インド、タイ、ネパール、韓国などもワイン生産に乗り出している。すでにインドとタイはＯＩＶ（国際ブドウ＆ワイン機構）に加盟するほどに生産の意欲を高めている。

この中国をはじめとするアジアンワインの誕生は、世界のワイン市場の分布図を三極から四極化へと書き換えることになる。

現在までの三極は二〇一〇年（平成二十二年）の統計をもとに説明すると、第一極がヨーロッパのワイン先進生産国の二十カ国で、年間の生産量が二千万トン、このうちフランス、イタリア、スペインの三カ国で七五％の千五百万トンで、残りがドイツ、ポルトガル、ハンガリーなど十七カ国五百万トンである。

第二極が大航海時代に主に植民地としてワイン生産に乗り出した南米のアルゼンチン、チリ、ブラジル等の九カ国の三百九十万トン、新大陸に移住した北米のアメリカ、カナダの二百五十万トンと先の南米と北米を合わせて六百四十万トンである。

第三極がオセアニアのオーストラリア、ニュージーランドの百六十万トン、これに加えてアフリカの南アを筆頭とする四カ国百万トンも見逃せないが近年、同地域のワイン生産は減少を辿っている。したがって第四極として浮上したのがアジア地域で、中国の百三十万トンに加え、日本、インドなど四カ国を合わせて百五十万トンであるが数年後には二百万トン台になることは確実視されている。

既述のように、中国が今後の目標としているスペイン（現在世界第三位）の生産量三百五十万トン台に達した場合、アジア地域でのワイン生産量は約四百万トンとなり、オセアニアの第三極を上回り目次通り第四極のワイン市場に成長することが予想されている。

勿論、ワインは大量生産のみが重要では無く、品質が最重要視される。だが品質にこだわる余りに、法外な高額ワインが罷り通ることは考えものである。ほどほどの品質と価格、地球規模での日常の消費量の底上げが果たされれば、世界のワイン市場は万々歳と言えるのではなかろうか—。

近年、世界全体のワインの生産量は年間二千八百万トンから三千万トンで推移している。問題は世界の独立国家二百二十カ国のうち年間十万トン以上の生産国が二十二カ国、また五万トン前後のワイン生産国は九カ国、合わせて三十一カ国が世界のワイン市場を動かしていることになる。

こうしたワインの世界の現状を考える時、地球規模での貧富の差が国際問題視されていて、その打開策に中間所得層の拡大化が口々に叫ばれている。その中間所得層によるワインの消費の伸長が、どうやら将来のワイン市場へ動向を大きく左右しそうな気配である。

（六）進む山ブドウ系ワインの生産

Ⓐ 吉林省長白山麓が一大拠点

地球規模での野生山ブドウの最も種類の多い国は、中国大陸の約四十種、次いでアメリカ大陸の北米カナダ圏の約三十六種とされている。〝約〟と言う大変大雑把な分類と受け取られるが、数万年のルーツを辿る山ブドウの生殖と生態は、気候変動や動物の流動性の関係によって、植物の分類学者間で諸説があり、一概に決めることの出来ない理由による。

いずれにせよ、目下のところ中国大陸が野生山ブドウの自生種が最大であることは確かなようである。ロシアと中国国境を流れるアムール川流域の東北アジア型野生葡萄の樹勢に優れたヴィティス・アムレンシスを中心に、中国東北部のマンシュウヤマブドウ、南部のチョウセンヤマブドウなどが代表的な品種とされるが、現在のところ中国でのワイン用品種としては主に東北部のアムレンシスが利用されている。

しかし、中国の山ブドウ系ワインは一九三〇年代までは、伝統的に農家の自家用と周辺の飲食店や土産用として小規模な家内生産が中心であった。

だが一九四〇年前半に、吉林省の長白山麓に入植し居住していた日本人の醸造経験者の研究技術により、それまでより良質な山ブドウ系ワインが造られるようになった。十数年後の一九五〇年代以降、その日本人の技術を受け継いだ地元の有志によって企業化され、本格的な山ブドウの生産が開始されたのである。

現在は吉林省柳河県にワイン局が設けられ、局内の国家ブドウ加工技術センターのほか、吉林省の省都長春市の吉林工程技術師範学校の食品工程学院が山ブドウの栽培とワインの醸造技術向上の指導を行い、吉林省の重要な産業へと進化している。

ワイナリーは吉林省の名峰長白山山麓を拠点に、「通化長白山ワイン」を筆頭に「通化華龍ワイン」「通化天池山ワイン」「通化東特ワイン」など二十社が山ブドウ系ワイン専門の生産を行っている。

また、吉林省及び遼寧省の山岳地帯では、十二年前から張裕醸造グループが中心となりカナダの晩生育生の黒ブドウを導入してアイスワインの生産を開始し、今日ではカナダの主力ワインであるアイスワインの生産量を上回る年間六万トンを生産している。

この極寒の山岳地帯での山ブドウ系品種ワインとアイスワインの生産は、中国東北三省の重要産業に位置づけられ、その進捗情況は世界のワイン関係国から注目されている。

Ⓑ 新種山ブドウ系ワインの開発

既述のように、従来型の山ブドウ系のワインは中国東北部のアムレンシスを中心に生産されてきた。だが近年、国を挙げての天然資源利用開発の一環として、にわかに注目されてきたのが、これまで利用されてこなかった中国自生の山ブドウ栽培による新たなワインの製造である。

この新たな天然資源である野生山ブドウの利用地域は、陶器の伝統的な生産で世界的に有名な江西省の景徳鎮の近郊と湖南省の張家界周辺や桃源県、さらには中国南部の雲南省の高原地帯と広西チワン自治区と江西省南部に、広大な葡萄園を開拓し、新たな山ブドウ系品種の栽培が始まっている。品種は葉形と蔓の外観の特徴から名付けられた「毛ブドウ」と「刺ブドウ」の二種である。古来から各地域の山野に自生していたブドウ樹を、新開拓した農園に移植して育成を続けてきたもので、この農園には新たにワイナリーが建設された地域が多数ある。

この新たな山ブドウの栽培とワイン生産を開発し推進してきたのが、「中国山葡萄：山葡萄酒学術会議」のメンバーである。メンバーの構成は、筆者が籍を置く陝西省の西北農林科技大学葡萄酒学院、北京の中国農業大学の段教授、東の山東省の青島大学医学院生物学科の涂正順教授また山東農業大学、西の甘粛農業大学等の葡萄とワイン関係の教授陣により構成され、これに加えて地方政府の産業振興のスタッフが参加してきた。同会議を中国食品工業協会および中国食品協会葡果(葡萄と果物の意味)酒専門委員会がサポートしている。

このような山ブドウの新開発の目的には次の三点が挙げられる。

一　土着の生命力旺盛な野生ブドウによる有機、オーガニックワインの生産。

二　ワインに縁の無かった地域での新興産業の育成。

三　新山ブドウ系品種ワインの生産化によるワイン文化への助長。

この目的以外に、地球規模での近年の気候変動による自然災害を考慮し、樹勢の強い山ブドウの資源確保と保護の観点が挙げられる。

新山ブドウ系品種ワインの開発により、二〇二〇年（平成三十二年）以降三～五万トンのワイン生産が見込まれ、既存の東北二省中心の山ブドウ生産十二万トンを加えて十五万から十八万トンの生産量となり、中国での野生山ブドウ系のワイン生産は世界最大となる。

Ⓒアジアンワインの夢

一九九五年（平成七年）より本格的に始まった中国のワイン産業の躍進は、二〇一五年（平成二十七年）で丁度二十年目の節目を迎えるが、筆者のみるところ、目標半ばでまさに「未完」であるが、着実に計画を遂行している。

北京の中央政府、なかんずく中国共産党指導部が目標とする世界三大ワイン生産国、イタリア、フランス、スペインに迫る年間三百万トン台は、本年で半ば（なか）である。だが量的な問題に加えて、既述のように品質の向上という関門も控えているが、これは時間の経過と共に解消されよう。

従来型の古典派ワインの生産に加え、有機栽培による従来型の山ブドウ系ワインと共に、新たな品種の山ブドウ系品種ワイン、さらに山岳地帯でのアイスワインの生産拡大、そして、中国資本による海外ワイナリーからの輸入ワインなど多方面でのワインの増産が見込まれている。

他方、消費の面では、減速経済下のなかで青年層と中間所得層のワイン消費が増え続けており、ワインブームは当分揺るぎないようである。

こうした中国のワイン産業の躍進は既述のように、世界のワイン市場の三極から四極化と変容し、近い将来古典派の良質ワインの世界制覇を志向するロスチャイルド系のワインの戦略と真っ向から激突することも予想される。言い換えればユダヤ資本と華僑資本との綱引きである。

だが中国の国家としてのワイン市場拡大の底流には次の四つの基本的な理念が秘められていることを忘れてはならない。

一　ワインはヨーロッパのモノとしての概念を破る
二　中国料理に合うアジアンワインの開発と生産
三　葡萄栽培の増大による内陸農民の所得増大と全人民の健康志向
四　ワインによる液体流動資産としての確保

勿論、ワイン生産の拡大による利潤の追求が第一であるが、右の四つの理念は、これまでのワイン生産先進国やニューワールド各国が掲げたことのない理念が含まれており中国独自の理念であることはおおいに注目されよう。

前述の（一）では、アジアにおけるワイン文化の一面であることの意識の構築。（二）は米食に添うアジアンワインの生産。（三）は自国民の農家の所得増とワイン飲用による健康面での配慮を示している。

この歴史的に他の国には無かった理念が、筆者が微力ながら協力する気になった理由の一つである。またこの中国ワインの四つの理念のなかに、澤登晴雄、芳の理念と重なるものがあったと考えている。

中国料理やアジアの料理に添うワイン造りは、中国本土の人にはもとより、世界各地に居住する華僑の長年の思いであり、夢であることを、多分、他のワイン生産国の指導者たちは理解に苦しむと思われる。

アジアンワインの誕生を夢とする中国のワインの生産は「未完」から「完成」へと今日も進化し続けている。

第十一章　愛好会ワイナリー十一社

日本葡萄愛好会に関係するワイナリーは二〇一五年（平成二十七年）現在十一社で、特徴としては山ブドウ系品種の葡萄を原料とするワイン造りに精通していることである。

だが、ヨーロッパのブドウには見られない山ブドウ系品種、なかでも小公子は醸造上その特有の酸味とタンニン等の濃厚な含有物質の対応に高度の技術が要求される。

この山ブドウならではの風味と色彩を、高度で繊細な技術の研究によって引き出し、優良な小公子ワインを作り出しているワイナリーが多くある。

その例として、栃木のココ・ファームの小公子によるヌーボー・タイプの発泡を有するフレッシュな「Ｎｏｖｏｃｃｏ」、茨城の常陸ワインの美しい透明度と爽やかな感触の小公子ワイン、長野のＷ・Ｇチレンセ河原の小公子と小公子を上まわる濃厚なタンニンを含有するヒマラヤ種とのブレンドワイン、さらには九州大分の安心院（あじむ）ワインの、小公子特有の酸味を押さえ、美味で厚みの加わった高級化ワインへの創出など、ワイナリーの様々なチャレンジが見受けられる。以下は北から順に愛好会の関係するワイナリーを紹介する。

（二）十勝ワイン　池田町ブドウ・ブドウ酒研究所

北海道中川郡池田町清見八三　電話〇一五（五七二）二四六七

既述のように（第三章　海外見聞録（一）ソ連紀行、第四章　ワインと葡萄の源流（二）葡萄の源流）十勝ワインは山ブドウ系のワイン造りと、わが国初の町営によるワイナリーである。

一九六〇年（昭和三十五年）に当時の丸谷金保町長が町内に自生する山ブドウに着目、この栽培技術に協力した東京国立の農業科学化研究所長の澤登晴雄とのコンビにより、四年後の一九六四年（昭和三十九年）に本格的なワイナリー、十勝ワインが誕生した。

山ブドウアムレンシスのワイン造りに始まったワイナリーは、一九七五年（昭和五十年）にフランスで育成されたセイベル（一三〇五三号）の中から地元の赤ワイン品種「清見」を誕生させた。清見はフランス、ブルゴーニュのピノ・ノワールを彷彿させる独特の熟成香を持ち、十勝ワインの代名詞として人気を高めた。次いで寒さに強い山ブドウの特性を活かし、清見と山ブドウとの交配により一九七八年（昭和五十三年）に「山幸」が誕生、野趣溢れる香りに深い色合いと渋みが特徴。さらに一九九八年（平成十年）に清見と山ブドウの交配で新たに「清舞」を生み出して好評を得た。

また最低気温がマイナス十二度以下になった早朝、樹上で凍結したブドウを収穫して圧搾、その果汁から芳醇な香りと濃厚な甘さを持つ「山幸アイスワイン」を数量限定で生産販売している。このほかスパークリングワイン、リキュール、ブランデーなど数多くの飲料を生産している。

二〇一三年（平成二十五年）六月にワイナリーとして五十周年を迎え、その記念誌として「十勝ワイン・ジュネシス＝池田町ブドウ・ブドウ酒研究所創世記」を発刊した。そのなかの「人の章　伝説の人物図鑑」に、十勝ワインの生みの親「ワイン町長丸谷金保」はもとより、故澤登晴雄を「ブドウ栽培、研究の大家」として、池田町での栽培に助言、指導員育成に尽力したと讃えている。

（二）くずまきワイン　葛巻高原食品加工株式会社

岩手県岩手郡葛巻町江刈一－九五－五五　電話〇一九五（六六）三一一一

一九八六年（昭和六十一年）創業。ワイン造りは三年後の一九八九年（平成元年）秋に開始。山ブドウを主原料に葛巻町とその周辺の地域の振興を根ざしたワイナリーである。

人口約八千人の町に牛が一万二千頭と酪農王国であったが、一九八〇年（昭和五十五年）二月、現在、葛巻町長で当時は町の林業担当職員の鈴木重男が、ブドウ栽培の技術習得に東京国立の農業科学化研究所に出向し、山ブドウとの本格的な取り組みが始まった。

二〇一三年（平成二十五年）現在、山ブドウ系品種ワインを中心にドイツ系品種のワインにスパークリングワインを含めた十四種の銘柄、さらにブランデーなど年間約三十万本を生産している。

愛好会関係のワインは、小公子「蒼」と、ブラックペガールの「澤登ブラックペガール」を限定醸造により発売している。

毎年開催されている国内ワインのコンクールでは、二〇〇六年（平成十八年）に赤の甘口「ほたる」で銀賞のほか、毎回各銘柄で銅賞、奨励賞を受賞している。

またワインと酪農の振興と文化面での研修のため二十年近く「ワインとミルクの旅」の欧州視察を続けているのも、地方地域での大きな特色で、欧州では主にドイツのワイン関係者との交流を深めている。

日本葡萄愛好会との関係については、前述の鈴木重男が二〇〇七年（平成十九年）九月にくずまきワインの代表に就任し、青年時代の過日、国立の澤登晴雄のもとで研修し、これが今日のくずまきワインの成長に大きな原動力になった縁もあり、今日まで愛好会と深いつながりがある。

ワイナリーの代表として、町長として多忙ななか、現在も愛好会の理事を務め、また二年前にくずまきワインの専務取締役に常務から昇格した漆真下満（うるし）も愛好会の常任理事であると共にワイン部会部長も務めている。両人は初代晴雄、二代芳の理事長亡き後も会の運営に多方面で協力している。

若き日の鈴木重男の東京での研修時代の悪戦苦闘した自らの実録の著書『ワインとミルクで地域おこし』、また亀地宏著の『夢に向かって　岩手県葛巻町の挑戦』を読んで鈴木重男の人柄と人生観が良く理解できて心が熱くなる。

愛好会初代と二代の傑出した理事長からは、鈴木の身体の強健さもあってか、叱り甲斐があると同時に、心の底では両人ともに「可愛い、大事な教え子」であったものと筆者は推測している。

中国に「耕土耕心」と言う諺（ことわざ）がある。これは筆者が籍を置く陝西省の西北農林科技大学葡萄酒学院の校訓でもある。土を耕す人々は世界に数多くいるが、土を耕すことによって、精神を研（みが）く、と言う意味である。つまり自らの精神を錬磨し、精神の平安と〝高み〟を目指すことである。

故人となった二人の理事長から、鈴木重男が受け継いだとみられる「耕土耕心」は、僭越ながら、本人の器をさらに広げるものと期待して止まない。

(三) 月山ワイン山ぶどう研究所　庄内たがわ農業協同組合

山形県鶴岡市越中山字名平三―一　電話〇二三五（五三）二七八九

一九七七年（昭和五十二年）山ブドウの栽培技術の研修に組合職員を東京国立の澤登晴雄の農業科学化研究所に一年間派遣し、栽培技術の習得後に、日本葡萄愛好会を通して指導を受ける。

一九九七年（平成九年）よりワインを製造、標高三百メートルにワイン用葡萄を栽培、近年面積は三十ヘクタール余。品種は自生山ブドウ、澤登ワイングランド、セーベル（九一一〇号）のほか甲州種、ヤマ・ソービニオン。

製品は過去、国産ワインコンクールで「月の雫」（赤、ヤマ・ソービニオン）を銅賞、「月の雫」（白、セーベル）を奨励賞を受賞。

（四）株式会社　白山やまぶどうワイン

福井県大野市落合二－二四　電話〇七七九（六七）七一一一

白山系の山麓から段丘上に広がる台地のワイナリー。山ブドウ系品種ワインのこだわりから、自生種のみではなく、愛好会理事長澤登晴雄の直接の指導を受けた。当初、小公子、ワイングランド、ブラックペガール、国豊三号、ヒマラヤ、ホワイトペカール、また生食用にハニー・ジュースを導入した。現在は六・五ヘクタールの農園に、自生の山ブドウ、小公子、ワイングランド、ブラックペガールのほかヤマ・ソービニヨンを栽培しているが、将来は四～五品種に集約する予定である。

二〇〇五年（平成十七年）に「白山ロゼ」、二〇〇八年（平成二十年）「白山ルージュ」が国産ワインコンクールで銅賞を受賞。良質な山ブドウ系ワイン造りにこだわり、製造技術の研鑽に励む。代表の谷口一雄は、二〇一三年（平成二十五年）に上品でしなやかなタンニンとフルーティな味わい、微妙にバランスのとれた品質により、第六章　貴種〝小公子〟に既述のように国産ワインコンクールで奨励賞を得ている。また〝小公子〟のスパークリングワインを生産するなど同ワイナリーのさらなる研究成果によるワイン生産に注目したい。なお冬期除き、予約によるバーベキューハウスをオープンしている。

（五）有限会社　ココ・ファーム・ワイナリー

栃木県足利市田島町六一一　電話〇二八四（四二）一一九四

一九八〇年（昭和五十五年）に知的障害者再生施設「こころみ学園」の父兄からの出資により設立。一九八四年（昭和五十九年）よりワインの生産を開始した。

園生と共に葡萄を栽培、野生酵母でのワイン造りに精を出している。年産四十五万本。

品種は小公子を主原料に二〇〇二年（平成十四年）、二〇〇四年（平成十六年）に樽熟成タイプを、二〇〇六年（平成十八年）からヌーボータイプの「Ｎｏｖｏｃｃｏ」（のぼっこ）を新たに生産、人気を得ている。「のぼっこ」は低温で発酵させ、清澄や濾過せずに瓶詰めにする。そのため醗酵によるクモリと気泡が残るジューシーで、フレッシュで生き生きとしたユニークな赤ワインに仕立て上げている。

小公子の小粒で濃い色と味わいのあるワインとジュースが出来るように将来性に自信を深めている「代表の池上千恵子の談話」。

二〇〇〇年（平成十二年）の九州・沖縄サミットの首里城での晩餐会で、ココ・ファームのワインの乾杯に使われたことがワイン生産に意欲が高まった。

ワイン造りに三十二年、ワインのほかに葡萄にまつわるジュース、ジャム、レーズンサンド、枝付き干しブドウ、ヨーグルトレーズンなどを生産販売している。

（六）常陸ワイン　檜山酒造株式会社

茨城県常陸太田市町屋町一三五九　電話〇二九四（七八）〇六一一

一八八九年（明治二十二年）創業の日本酒造会社。前当主三代目の檜山幸平が一九七七年（昭和五十二年）にヨーロッパでのワイン視察を契機に山ブドウの交配種と甲州種等を栽培、一九八一年（昭和五十六年）より、こだわりのワインの生産に入る。

当初の生産時には、日本葡萄愛好会の澤登晴雄に師事して全国の愛好会の会員を訪ね研鑽を積み、「ワイングランド」「ホワイトペガール」を栽培、その後、「小公子」「ブラックペガール」に「ヤマソービニヨン」が加わり、現在は七品種のワイン約三万本を製造している。国産ワインコンクールで二〇〇六年（平成十八年）、二〇〇八年（平成二十年）の二回入賞している。

なかでも小公子ワインの出来が良く、これが山ブドウ系品種のワインか、と信じがたいようなフルーティでしっかりした味わいを作り出している。お世辞抜きに素晴らしい。

栽培面積は二・五ヘクタール、ワインの在庫調製とのかねあいからブドウジュースも生産している。

現在の当主は四代檜山雅史。

（七）勝沼醸造株式会社

山梨県甲州市勝沼町下岩崎三七一　電話〇五五三（四四）〇〇六九

アルガブランカ、アルガーノのブランドは国内のワイン通の誰もが知る銘柄となった。

一九三七年（昭和十二年）の創業以来、現在の三代目有賀雄二まで良質のワイン造りに専念してきた。ことに現代表はワインの原料葡萄にこだわり続け、ヨーロッパに輸出するまでになった「甲州種」の栽培地を神経質なほどに探求し、それが結果として実を結んだのである。

近郊の澤登家との縁で、小公子ワインの醸造に早くから取り組み、小公子〝牧丘〟のブランドで良質な製品造りに努めてきた。

二〇一四年（平成二十六年）秋、同代表名で「ヨーロッパ系のワイン専用種の自社栽培に努力してきたが、勝沼の土壌の可能性に限界を感じて〝甲州〟と〝マスカット・ベリーA〟に改植した」との知らせを受けた。この知らせに、近年二回ほど中国に同行し、また長年の筆者との交友関係のなかで、常日頃より自らの赤ワインの出来に満足せずに疑問を感じ、悩んでいる姿を目にしていただけに「矢張り――」と言う思いがし納得できたのである。

現在、国内での代表作、樽醸造の「甲州」と、スパークリングワインの辛口、アルガブランカ「ブリリャンテ」が高い評価を受けている。

直営のレストラン「風」は、近郊からの来客だけではなく、遠く仙台や広島からも本格的なローストビーフやビーフシチューの味を求めての人気を博している。

（八）W・Gチレンセ河原「栽培・販売」

長野県上伊那郡飯島町本郷一九四三－二　電話〇二六五（八六）五八八九

製造者　喜久水酒造株式会社　長野県飯田市鼎切石四二九三

河原保の有機によるハウス栽培での小公子及びヒマラヤを喜久水酒造で委託製造、主に通信販売している。高濃度のポリフェノール含有のヒマラヤ種とのブレンド造りに専念している（第六章　貴種

〝小公子〟(四) を参照)。

(九) 株式会社 広島三次(みよし)ワイナリー

広島県三次市東酒屋町四四五―三 電話〇八二四(六四)〇二〇〇

一九九四年(平成六年)に農業活性化と産業活性化を目的に創業。これまでにTOMOE・MIYOSHIワインとして、白のシャルドネ、セミヨン、赤ではメルロー、マスカット・ベリーA、ピノ・ノワール、シラー、そしてフルボディの小公子など多くのワインを生産している。

二〇一四年(平成二十六年)に国産ワインコンクールで、デラウェア、シャルドネクリスプでいずれも銅賞を受賞。二〇一五年(平成二十七年)に創業二十一年目を迎えた。

三次地区の自然環境を重視したなかで、観光施設としての物産館、高品質の広島牛によるバーベキューガーデンなど地元密着型の「やすらぎと憩いの場創出の新しい地域文化の創造」を目指している。株式の構成は三次市と三次農協、ブドウ生産者、観光協会所属の市民、企業二十一社から成る。

(十) 有限会社 奥出雲葡萄園 通称 奥出雲ワイン

島根県雲南市木次(きすき)町寺領二二七三―一 電話〇八五四(四二)三四八〇

シンビオシス（SYMBIOSIS）、自然と人との共生をテーマに企業活動を行っている。ワイン生産は一九九二年（平成四年）年に開始した。

ワイナリーは「食の杜（もり）」の一画にあり、「食の杜」は木次町の有機シンボルの農園として国と町からの支援を受けている。この「食の杜」の指導者、佐藤忠吉は二〇一五年現在九十六歳で日本葡萄愛好会の常任理事を務める現役の大長老である。

「食の杜」の生い立ちは一九六二年（昭和三十七年）に佐藤忠吉の酪農、木次乳業から端を発し、一九八三年（昭和五十八年）に有機農法によるブドウ栽培に取り組み、山ブドウ系品種小公子との出会いによって本格的なワイン造りの道を歩むことになった。

同ワイナリーのオリジナリティのワイン「小公子」を選んだ理由について、佐藤忠吉は次のように語っている。

「ワインにしたとき、深く濃い赤色、しっかりと印象的な酸味、東洋を創造させる野趣に富んだ香りと控えめなタンニンでありながら充実したエキス感などで、これまでの欧州系醸造系品種にはない個性的で果実の深い味わいが前面に強調されている」

まさに小公子ワインの真骨頂を的確に表現した名言である。また小公子ワインのデザインは、「日本のワイン」であることを一目で分かるモチーフ、「漆」の技法で「和」をイメージしている。美術工芸品の漆器を連想させる紋様と色使いに仕上げ、同ワイナリーのテーマであるSYMBIOSIS共生を、野鳥と草木の絵柄で表現している。

「食の杜」は、ワイナリーのほか生食用の「大石葡萄園」、濁酒（にごり）造りの「室山農園」、豆腐工房の「しろうさぎ」、地元産の有精卵、木次牛乳、沖縄の塩などの食材を厳選した無添加パン造りの「杜のパン屋」など、どの工房も他にはみられない、奥出雲の国土と人とが調和した別天地を構築している。

（十二）安心院（あじむ）葡萄酒工房　通称　安心院ワイン

大分県宇佐市安心院町下毛七九八　電話〇九七八（三四）二二一〇

日本酒製造と麦焼酎「いいちこ」で著名な三和酒類株式会社内のグループに属する。

グループとしてのワイン造りは比較的古く、一九七四年（昭和四十九年）に始まり、「いいちこ」発売より先輩にあたる。二〇〇一年（平成十三年）に安心院葡萄酒工房を新設、本格的ワイン生産に入る。当初は白ワインのシャルドネを主力に、次いでメルロー、キャンベルアーリー、マスカットベリーAなど赤ワインを生産。

近年は二次醗酵によるスパークリングワイン造りにも力を入れている。二〇一一年（平成二十三年）から三度、辛口のシャルドネで国産ワインコンペティションで最高峰の金賞を受賞し、また二〇〇八年（平成二十年）にシャルドネ、「イモリ谷」も金賞を得ている。

愛好会との縁は数年前からで比較的新しいが、葡萄酒工房の「あじむの丘農園」のビンヤード・マネージャーでエノグロ（ワイン醸造技術管理士）の中尾浩二以下スタッフ全員が小公子ワインに賭ける思いには熱いものがある。

早生の小公子ブドウが、二〇一四年（平成二十六年）の八月上旬の収穫時期に台風によって予想の五分の一となったが、それも「意義ある失敗」と、「農のあるワイン」へのこだわりからか、自然との対峙にチャレンジ精神を示している。

山ブドウ研究家澤登晴雄が育種に成功した遺作とも言える小公子ブドウから、ワインの高度な技術の習得によって、その完成化に向かって研鑽を励んでいる。

安心院葡萄酒工房の「あじむの丘農園」の多くのヨーロッパ系品種の栽培樹の奥に、小公子が僅かながら鎮座している。大規模工場の三和酒類のなかにあって、現在は一％に満たないワインのシェアだが、ボトリングファクトリーで、いつの日か大きな顔をした小公子ワインが赤ワインのシンボルワインとして生産され、日本国中に出まわる日の到来を願ってやまない。

第十二章　愛好会会員の活力

日本葡萄愛好会の会員は盛況時には全国各地の葡萄栽培家四百を越す一大拠点の団体であったが、近年は離農と後継者不足によって残念ながら減少傾向にある。

だが現会員の多くは日本農業の百戦錬磨のいわば兵士（つわもの）であると言っても過言ではない。そして初代澤登晴雄、二代澤登芳の両理事長の、農業、特に有機、無農薬農業に対する理念の遺志を（現在は三代目鈴木三千夫理事長）継いで実践を守り、成果をあげている希有（けう）な存在であることは今なお変わることは無い。加えて「農」を通じての人と人との縁を宝として尊（とうと）ぶことも不動である。

こうした愛好会の動向と存在に、最近は農業に全く無縁だった若者たちが参入し始め、志を同じくするという大変喜ばしい情況を迎えている。

今日の、日本の農業の閉塞感を打ち破る好事と言える。

この項では、南は三重県、北は青森県の愛好会会員の「現況」と、過去の体験を踏まえた「経緯」、さらに今後の「展望」について紹介する。頁数に限りがあり、会員より頂戴した原稿を筆者が要約して列記する。

（一）「古希を越え再出発」

屋号　美旗屋

代表　柳島正一　日本葡萄愛好会副理事長

三重県伊賀市上野車坂町六七二　電話〇五九五（二一）〇二八五

「**現況**」一ヘクタールの農園に巨峰を中心に栽培。ハウスも四十アールに拡大した。栽培困難なオリンピア造りに十年をかけて成果をみる。現在はロシア、イタリアの交配種など二十種の葡萄を育成している。

「**経緯**」市場に出荷せずに直販方式に専念し黒字化に十五年の歳月を要した。自園売りによって、顧客の喜ぶ笑顔にはそれまでの苦しみの栽培時を忘れさせている。

「**展望**」葡萄栽培に幾度かの苦難を乗り越えて五十年、古希を越えて「再出発の意志を固めた」としている。

（二）「有機栽培のぶどう作りを実践」

屋号　富士ぶどう園

代表　諏訪部衛人　日本葡萄愛好会副理事長

神奈川県愛甲郡愛川町角田二九二　電話〇四六（二八五）〇八三八

「**現況**」澤登芳前理事長の教えどおりの雨よけハウスによる有機農法を実践している。葡萄は愛好会品種のオリンピア、ブラックオリンピア、ピアレス、国豊三号、ハニージュースで、キウイフルーツは露地栽培を行っている。

米も野菜も無農薬栽培で、水田は二十五年間有機農法で栽培している。

販売には古くからの顧客五百名に毎年八月初旬に、その年の模様を案内し、直売と宅配で九割を捌いている。葡萄もキウイフルーツも宣伝や看板も無しに顧客への販売に専念している。キャッチフレーズは三つの「安心」「安全」「美味」を一途に守っている。

「**経緯**」父が（二〇一五年五月に九十二歳で永眠）愛好会に入会したのは昭和四十年代の初めで、現代表の衛人本人の記憶では葡萄をつまみ食いしていた中学生の頃、父は農協の常勤、母は葡萄の手入れに追われていた。しかし高校生になって袋掛けの手伝いをするなど少しは成長したようである。

大学を卒業して、迷いはあったが、父の勧めで有機農法による葡萄作りに就農の決心をした。雨よけハウスと露地栽培の慣行農法を並行する栽培に入り、東京国立の農業科学化研究所に通い勉強した。同世代の現理事長鈴木三千夫ら研究生と知己となる。それ以来三十年余、失敗と苦難のなか無農薬栽培を続けられてこれたのは愛好会との出会いによるもので幸せと感謝の気持ちで一杯である。

「**展望**」ここ十五年は父が老齢だったため、代表夫妻とボランティアの協力で園を維持してきた。

晴雄初代理事長の言「品種にまさる技術なし」のように、農薬の助けが無くても、日本の気候に添った品種を選べば、露地で無農薬に近い方法で栽培が可能である。近年の葡萄は農薬やホルモン剤を前提とした品種が多く、昔ながらの品種が追いやられていて残念な気がする。

「食と農」の未来を考えるとき、地球温暖化の影響による干ばつや豪雨等の異常気象が頻繁になっている。これは明らかに「人間の営みに対する〝天〟の警告」であると思われる。本来の天地の恵みに感謝し、自然環境を守り、人類の発展を追求すべきと考えている。

(三)「**心地良い環境でリピーターを確保**」

屋号　加藤ぶどう園

代表　加藤孝　日本葡萄愛好会監事　日本キウイフルーツ協会理事長

千葉県松戸市金ヶ作三三六－二　電話〇四七（三八八）三五七八

「**現況**」葡萄栽培の品種は巨峰、ブラックオリンピア、ヒムロットシードレス、スチューベンほか百五十アール。キウイフルーツはヘイワード、レインボーレッド、イエロークイン三十アールを栽培直売の他、観光果樹園として季節には試食葡萄付きの入園料を頂戴して解放している。

顧客の確保には「心地良い環境で美味しいものを食べていただきリピーターになって貰う」ことをモットーとしている。

「**経緯**」加藤代表は大学卒業後サラリーマンを経て父親のすすめにより、土地の維持と管理を任された。一九七八年（昭和五十三年）に土地を造成したが、松戸の周辺の多くが梨園であったため葡萄を導入し、観光農園の建設に着手する。東京国立の澤登理事長をはじめ諸先輩の指導を受けて園の育成に努めた。当初は販売促進の直売に広告用パンフレット、立看板等手作りの準備の末に販売にこぎつけた。新聞社やマスコミの応援もあって、しだいに顧客に喜ばれ、理解を得られるようになった。

「**展望**」今後はインターネットを利用したホームページでの案内のほか、代表夫妻が草花が好きなことから花壇を設け芝を植えて手入れするなど、園内の環境を常に心地良い状態にすることを心がけ、「もう一度行ってみたい観光ぶどう園」としての役割を果たしていきたいと願っている。

また本年二〇一五年（平成二十七年）より、加藤代表が日本キウイフルーツ協会澤登芳前理事長のあとを受けて理事長職となったため、キウイフルーツの品種の整理と確立をはかり協会の柱となるキウイ栽培の探求に励みたいとの決意を示している。

（四）「有機、農薬不使用栽培を実践」

屋号　フルーツグロアー澤登　本文注（4）を参照

代表　澤登芳英、早苗　日本葡萄愛好会常任理事

山梨県山梨市牧丘町倉科五八九三　電話〇五五三（三五）二一六〇

「**現況**」百四十三アール、九圃場からなる有機ＪＡＳ認定の果樹園である。内訳は葡萄の生食用三十二アール、加工兼用三十三・五アール、キウイフルーツ七十七・五アール。農薬不使用の雑草早生、不耕起栽培により雑草の有効利用を基本とする自然循環栽培で、必要に応じて米糠、植物性の堆肥、刈草、発酵鶏糞等を使用している。生食用葡萄の最高品種オリンピア「既述のプロローグその二、と第九章生食用葡萄品種を参照」は四十年近く何も投入しない圃場で栽培している。

生食用の栽培葡萄はブラックオリンピア、オリンピア、ピアレス、サフォークレッド、国立シードレス、アイドル、東京マスカット、ゴールデンマスカット、京秀、牧五号等。

生食用兼加工用としてワイングランド、国豊三号、かおる（仮称）。

サイドレスハウス　フルーツグロアー澤登「山梨市牧丘町」
写真提供：筆者

加工用に小公子、ブラックペガール、セイベル一三〇五三号、国豊一号、ヤマソービニヨン。

キウイフルーツでは「緑肉硬毛種」のヘイワード、グリンシル、グレーシー、モンティ、アボット、ブルーノ、牧一号。「緑肉軟毛種」牧三号。「軟毛種・黄肉種」レインボーレッド、ゴールデンキング、イエロークィーン、紅芯、牧一一号、牧一一a号他。

農産加工では自宅の加工所で自園の葡萄でブドウジュースを製造。

以上の葡萄とキウイフルーツとは別に家庭菜園と果樹園十アールにはサンザシ、アンズ、カキ、リンゴ、ナシ、クリ、モモ、スモモ。また山林百八十アールからは薪ストーブ用のマキを入手、さらに六年前から借用した休耕地の田んぼを活用した約七アールを首都圏の友人らと「牧の庄たんぼプロジェクト」と称し、開墾から自然栽培の米作りを行っている。

「**経緯**」栽培の基本は〝土づくり〟として、日本の気候風土に合った品種の選定を重要視し、葡萄は父澤登芳の考案したサイドレスハウス（雨よけ栽培）と改良マンソン（注42）を用い、病気の原因となる雨を除けることで農薬をいっさい使用しない栽培を実践している。

販売は一般市場やＪＡは皆無で、提携的なつながりの中、顔の見える消費者や生産者の立場にたって〝作品〟としての生産物を伝えてくれる専門流通事業体、自然食品店、有機農産物卸売業者等に直接販売している。

安心して食べられる安全な果物を消費者に供給することをモットーとして「生産者は消費者の健康を」「消費者は生産者の生活を守る」という原則を、対等の立場で尊重し、価格については再生産可能な適正価格を提示、理解が得られるよう努めている。

「**展望**」同果樹園の両代表は両親から受け継いだ技術をどのように継承し進化させるかを考えている。近年の牧丘町全体で高齢化、過疎化が進行しているなか、同果樹園のみならず、地域の再生も視野に入れ、今後五年、十年先を考え実現していきたいと願っている。

具体的には都市と農村の交流を軸に〝農〟の有する魅力を、より多くの人に伝えながら、持続可能で平和な社会の構築を進めたい。この構想には林業経済と農村社会の研究に長年携わってきた澤登芳英の専門性を活かしながら、フルーツグロアー澤登の葡萄とキウイフルーツを基盤に山村の活性化につながる活動を進め、それには父芳を慕ってきた研修生や友人、知人の協力をお願いしたい。

また伯父晴雄は、常に一人ではなく愛好会での活動での「五人組」を呼びかけてきたが、父芳も有機栽培農業運動のなかで〝点〟ではなく、〝面〟的な広がりの必要性からネットワークの重要性を強調していた。今日の「自分だけ」「今だけ」「お金だけ」の社会風潮のなか、子孫のために自信をもって引き継げることのできるような社会の実現に頑張っていきたいと考えている。

(五)「**高品質の農産物の提供**」

屋号　有限会社　ウッドベルファーム
代表　鈴木三千夫　日本葡萄愛好会現理事長
長野県上田市武石小沢根三八九－七　電話〇二六八(八五)二九〇三

「**現況**」同社は美ヶ原高原山麓、信州上田市武石に葡萄とトマトを主力に農産物、農産加工品を生産販売している農業法人である。

農園の規模は十ヘクタール、うち施設一・〇七ヘクタール。生産品は葡萄は巨峰、赤葡萄、ロザリオビアンコ、シャインマスカット、ナガノパープルほか。加工品はジュース、ジャム、ワイン。トマトはルネッサンス、ミニトマト(アイコ)。加工品はジュース、ケチャップ、またリンゴ、アスパラガス、インゲン、ホウレンソウを生産販売している。

「**経緯**」一九八二年国立の農業科学化研究所にて研修開始、一九八三年四月より長野県で就農、一九九三年（平成五年）二月法人化。会社運営に苦難の連続が続き、やっと一息ついた一昨年二〇一四年（平成二十六年）二月の大雪で所有ハウスの四割が潰（つぶ）され途方にくれたが、幸運にも国庫による再建に取り組むことが出来た。完成すると葡萄の雨よけ施設十七アール、トマトハウス六十アール、アスパラガスハウス三十アールの予定で二〇一五年中の完成を目指している。

「**展望**」こだわりの農薬、化学肥料を極力使用しない高品質の農産物の提供を推進するために次の三つのポリシーを展開する。①安全で美味しい食材を生産する②お客様の要望を極力取り入れる③お客様へ積極的にご提案する

また同社の商品の具体的な特徴を次のように提示する。◎鈴木さんちの赤葡萄（仮称）皮まで食せる高濃度のポリフェノールと上品な甘さの葡萄を、農薬使用を通常の五割以下、肥料は有機質オンリー、特別栽培の外部認証の取得。◎ルネッサンストマト　酸味と糖度のバランスのとれた大玉。そのほかミニトマト、アスパラガス、インゲンなど有機栽培を前面に強調する。

（六）「次代の後継者に期待」

屋号　カネツ観光農園
代表　若林常夫　日本葡萄愛好会理事
長野県東御市滋野乙二五六〇中屋敷二七　電話〇二六八（六三）五七三四

「現況」「世界のぶどう」をキャッチフレーズに観光農園を展開している。栽培面積は約一ヘクタールで、そのうち欧州葡萄の無加温ハウス二十一アール、露地の欧州葡萄二十四アール、露地の種あり巨峰二十三アール、種無し巨峰三十アールである。

品種は巨峰のほかシャインマスカット、ロザリオビアンコ、ナガノパープル、しまねスイート、マニキュアフィンガー、瀬戸ジャイアンツ、マスカット・デューク・アモーレ等、愛好会品種ではピアレス、ハニージュースは、はちみつブドウジュースとして販売している。

「展望」代表の若林常夫と久沙子夫妻が老齢のため、二〇一四年三十歳になった子息の若林毅紀が次代の後継者になるべく栽培等に精進している。毅紀は農業高校を経て県の農業大学校で果樹の実科、研究科に各一年学び果樹試験場に臨時職員として二年勤務後家業に就く。子息に賭ける両親の期待は大きい。

（七）「**後継者無き産業は滅びる**」

屋号　株式会社　高橋農園
代表　髙橋淳　日本葡萄愛好会副理事長、育種部会部長
岩手県紫波郡紫波町片寄字堀米三一　電話〇一九（六七三）八〇九九

「**現況**」葡萄のほか水稲、野菜を栽培、付加価値の向上に農産加工に力を入れ、産直による地域雇用の育成に努めている。

「**経緯**」当初は大粒の葡萄は珍しく盛岡の老舗デパート「川徳」で十年間、毎秋販売に従事していたが、その後産直による販売に切り替え、近隣地域の同志と組合を結成、副組合長として活動している。

「**展望**」二〇〇四年（平成十六年）から二〇〇八年（平成二十年）に開設された地元岩手大学の「アグリトップ・ビジネスフロンティア・スクール」の講座に学び、スクール副校長の木村信男教授に啓発され、「後継者無き産業は滅びる」の一言に共鳴した。

一九八二年（昭和五十七年）の二月から一年間、東京国立の農業科学化研究所で葡萄栽培を学んだが、その折の澤登晴雄所長から貴重な体験と、岩手大学の木村教授の教えを基に、新規就農者と農業研修者の育成により、将来に向け次世代に受け継いで行くように努力中である。

（八）「四十年前から有機栽培」

屋号　高橋直樹ぶどう園
代表　高橋直樹　日本葡萄愛好会副理事長
秋田県横手市大沢字上庭当田　電話〇一八二（三二）六一三五

仲間と加工用の葡萄ブラックペガールを栽培、くずまきワイナリーに共同出荷、毎年醸造後の試飲を楽しみにしている。また生食用にスチューベンとセピアを栽培して今日に至っている。

「経緯」一九六七年（昭和四十二年）頃に前代表の高橋勇が二十二歳で葡萄栽培を始めて五十年、あっという間に過ぎた感がある。

当初は葡萄畑一ヘクタール、リンゴ一ヘクタール、水田一・六ヘクタールで、葡萄はキャンベル、ナイアガラ、ポートランドほかの品種であったが、一九七二年（昭和四十七年）から一九七三年（昭和四十八年）にかけての大雪で全滅した。以後全てを葡萄畑に切り替え、オリンピア、ブラックオリンピア、ハニージュース等を栽培したが失敗の連続であった。

「展望」四十年以前から堆肥米糠の施肥を始め、化学肥料は一切使用せずに有機栽培に専念してきた。ハニービーナス、ベニバラードは安定した収穫があり、消費者に大変好評である。特にハニービーナスはオリンピアとの交配種なので甘味があり、喜ばれている。
今後も種有り葡萄の栽培に向けて努力するつもりでいる。

(九)「低農薬で美味な葡萄を」

屋号　諏訪内(すわない)観光ブドウ園
代表　諏訪内将光　日本葡萄愛好会常任理事
青森県三戸町大字同心町諏訪内二二　電話〇一七九(二三)四二五四

「現況」観光ブドウ園はハニージュース(黒大粒)、シャインマスカット、サニールージュ、紅伊豆、ヒムロット等十五種の葡萄を栽培している。ブドウの最盛期の二カ月は、ブドウ狩りと共にジンギスカン定食を提供していて、イス、テーブル席二百七十席と大型化した園内で楽しむことが出来る。瓶詰めの葡萄ジュースのハニージュースは濃厚で人気がある。

「経緯」代表の父正人は五十年以前に日本葡萄愛好会に入り、山梨県勝沼周辺の観光ブドウ園を見学してこれに習い、おそらく東北で最も古い観光ブドウ園の開設に至った。
現代表の将光は東京農業大学卒業後、改良マンソン(注42)で葡萄樹を植え、一九八七年(昭和六十二年)に葡萄栽培技術の習得のために短期であったが、山梨県牧丘の澤登芳前理事長、次いで東京国立の初代理事長のもとで研修した。

「展望」近く、ホワイトオリンピアのサブネームとして「黄金葡萄」と名付ける予定である。今後も低農薬で美味しい葡萄作りに専念し、老若男女の皆に提供し、柵の下でのジンギスカンを楽しんで貰いたいと願っている。

（十）「スチューベン生産日本一」

屋号　合同会社　津軽ぶどう楽園
代表　須郷貞次郎　日本葡萄愛好会会員
青森県北津軽郡鶴田町大字境字鶴住三三五　電話〇一七三（二三）一六二一
「現況」厳冬低温熟成貯蔵による津軽ぶどう村のスチューベンを四カ月後の高糖度熟冬ぶどうを発売し、スチューベンの生産量では日本一を誇っている。このほか葡萄ではキャンベルアーリー、ナイヤガラのほか葡萄ジュース、また地元産の不揃い等キズのある「訳ありリンゴ」、同じく「訳ありニンニク」と無添加菜種油を通信販売のほか、道の駅と量販店、楽天などに出荷している。
「経緯」二〇〇〇年（平成十二年）に三十二名のスチューベン農家の出資で作った販売組織が津軽ぶどう村、それから九年を経て町と地元ＪＡとの共同事業で「道の駅つるた」を立ち上げてスチューベンの耕作拡大へとつながった。

スチューベンはニューヨーク生まれで鶴田町は北緯四一度に位置してニューヨークと同緯度。青森県が全国生産の八割を占め、鶴田町はその県産の六割を生産し、今では、スチューベンは東北の鶴田が本場となった。ちなみに筆者濱野は創業以来津軽ぶどう楽園の顧問を務めている。

「**展望**」本ぶどう楽園は、鶴田町内の非耕作地を集めて畑を拡張し、町の高齢者の働く場所の一環として設立された。年金収入の補完に比較的手間のかからない作物、スチューベンならでは発想である。垣根仕立ては欧米風ではなく雪の多い東北風である。

目指すところは、無理をしない農業の実践で、①シニア世代に生きがいのある未来②有機栽培の実践③都市と農村の交流、の三点である。

第十三章　有機農業の推進者

日本における有機農業の発展は、戦後農業の再生のために、国の意向によって農薬や化学肥料が使用され、健康被害を憂慮した農学者、消費者、生産者によって一九七一年（昭和四十六年）日本有機農業研究会が設立されたことによって本格的な有機農業の普及化が進められることになった経緯がある。

葡萄の栽培により、自ら農薬や化学肥料の危険を覚知してきた澤登晴雄と芳の兄弟は、兄の晴雄はやがて中央の日本有機農業研究会の四代目の代表となり、弟の芳は地方の山梨にあって「やまなし有機農業市民の会代表」「有機ネットやまなし理事長」を務め、兄弟揃って日本国内の有機農業の推進の先頭に立ち提唱し、実践を踏まえた数少ない指導者であった。

この父芳と伯父晴雄の後背から有機農業の重要性と必要性を学び育った芳の長女澤登早苗は、家業の農業を手伝いながら大学、大学院を通じて有機農業の実践と共に、学術上の研究を続けてきた。現在は日本有機農業学会の会長を務め、二人の先駆者の理念を胸に抱き、さらなる国内外の有機農業の進展と普及に尽力している。

本章はこの澤登家三人の有機農業に賭けた事蹟を紹介すると共に、章の最後に、完全農薬不使用栽培が可能なキウイフルーツを我が国に初めてニュージーランドから導入し、今日のキウイフルーツの栽培と普及に努力してきた澤登家の志(こころざし)を振り返ることにした。なお澤登兄弟は共に日本キウイフルーツ協会の理事長を務めてきた。

(一) 澤登晴雄

A 「生命にひびきあう有機農業を次世代へ」

二〇〇一年(平成十三年)二月、日本青年館で開催された日本有機農業研究会設立三十周年記念大会で会場に溢れんばかりの六百人余の参加者を前に、同会の代表幹事として澤登晴雄は「天恵を生かす有機農業による自給の道」と題し、最後の講演を行った。そしてこの年の総会で同研究会は特定非営利法人(NPO)に移行され、同時に澤登晴雄は理事長に就任した。

講演の概要は要約すると次のような内容である。

「我々は農薬というものを、また化学肥料というものを使わないで栽培します。そのことは正しいと思っています。そして沢山の方が反収を多くあげています。その事実を知っとりますか――。

～中略～

考えてみると日本は多少言い過ぎですが、ひとつの単位としての国としては、世界一、天恵の恵みを受けている国です。

最新の学説のなかで、一切水が決めると言っております。水が全部米になり、麦になり、野菜になり、そしてまたそれが水になっていくわけです。～中略～

今から三十年前、一楽昭雄（注43）さんの哲学者といいますか、その方の呼びかけで全国に隠れたる実質的な農業、正しい農業をやっていらっしゃる方々と手を結んで、この会が結成されました。最初はいわゆる有識者、それから農協関係者、代表は農林事務次官をやっていた方（塩見友之助）でした。それから農学者、消費者が入ってきて、いろいろなことが続いて今日まで成長しておりました。～中略～

日本は山があり、樹木があり、それを通ってきた地下水があり、それで育ってきた水があり、全国にいっぱい水田がございます。これほど水田が分布しているところは世界でもございません。

私はソ連に行った。シルクロードにも、アジアも歩いた。アメリカにも行った。いろいろ歩いてみて日本ほど〝天の恵み〟を受けているところはありません。そして、天の恵みを受けるのは一番最初に植物なのです。そしてそれを食べていくのは動物であり人間です。そういうものに恵まれて生産が安定しているおるところが日本です。〜中略〜

私どもはきちんと有機農業をやっていけば、日本の食料は自給できます。同時にそれによって日本の工業関係、それから日本の文化、伝統を守っていくことができると思っております。〜中略〜日本の国が敗戦後、戦争を放棄すると腹を決めたように、我々は今、日本の食料自給の腹を決めましょう。有機農業の今日はそこにあると思います。」

Ⓑ「矜持をもたねば」

日本有機農業研究会理事で国学院大学経済学部の久保田裕子教授は、前項と同じ二〇〇二年（平成十四年）八〜九月の合併号『土と健康』の澤登晴雄への〝追悼〟のなかで、要約すると次のように記述している。

「澤登さんは〝矜持をもたねば〟とよく言われた。農林水産省の役人を前にしての交渉の席や、消費者を前にしての話では必ずといっていいが、自ら耕す農民の歴史の〝化身〟となったような厳しい言葉がほとばしり出た。

そうした思いを余すところなく披瀝したのは一九九三年（平成五年）六月、「農林物資の規格化及び品質表示の適正化に関する法律」（ＪＡＳ法）の一部改正への反対の国会両院、農林水産委員会での参考人意見陳述であったろう。」～中略～

澤登さんは議員たちの居並ぶ前にたち、「有機農業は本来のあるべき農業・食料生産の姿、有機農業を農政の根幹に据えよ」と主張し、有機農業を高付加価値農業と呼んで表示規制を先行させるＪＡＳ法一部改正は「政策の方向づけが逆立ち」していると喝破した。

大演説となった意見陳述には、参議院では大きな拍手が沸いたと記憶している。各議員には事前に十ページに及ぶ「日本有機農業研究会の見解」を配布していた。

「やらなくてはならない。やれることをやるだけです」、薄暗い本郷三丁目の地下駅のホームで、そうした意味の言葉を思い出させる。

（二）澤登芳

筆者の見るところ、愛好会の前理事長澤登芳は多くを語ることよりも実践を最も重要視するタイプの人に思われた。有機農業に邁進してきた事蹟は、つまるところあくまでも実践であった。

Ⓐ有機農業に取り組もう　一九九七年（平成九年）二月

有機農業に取り組む全国の生産者、消費者、学識者で構成される日本有機農業研究会の第二十五回大会が山梨県石和町で開催される。大会を機に県内では有機農業に取り組む農家が、今春をめどに「山梨県有機農業研究会」を発足させる予定だ。

大会の実行委員長は会員で牧丘の澤登芳さん（当時六十八歳）で、三十年前から有機農業に取り組み、現在では葡萄とキウイフルーツを完全無農薬、無化学肥料で栽培している。

澤登さんによると、現在栽培されている葡萄の多くは明治以降輸入されてきたもので、日本の気候に合わせるため農薬、化学肥料を使用して栽培することが前提となっている。先進国と呼ばれる国のなかでは日本が有機農業の取り組みが最も遅れている、と言う。

「朝日新聞山梨版」より。

Ⓑアフガンと葡萄交流「山梨の農家澤登さん親子」　二〇〇九年（平成二十一年）十二月

戦火で失われた葡萄畑の復興を目指すアフガニスタンの農家と、国内有数の葡萄の産地、山梨県の農家との交流が続いている。

山のすそ野に葡萄畑がじゅうたんのように広がる山梨県山梨市牧丘町倉科。巨峰の産地として知られる地区で、澤登芳さん（当時八十歳）は、家族とともに半世紀以上葡萄栽培に力を注いできた。七月のアフガニスタン農業者の来日研修は、大学で農学を教える長女早苗さん（当時五十歳）とともに担当した。

研修員はアフガン・カブール州のシャモリ平原の農家ら七人。タリバーン政権下で葡萄の樹が切り倒された同国の復興を願い、国際協力機構兵庫国際センター（ＪＩＣＡ兵庫）などが研修を企画した。芳さん、早苗さんらが国内の栽培技術や歴史を説明し質問を受けながら畑で指導した。

芳さんによると、日本で栽培される葡萄のルーツの一つはアフガンを含む中央アジアにあり、かつては同国は世界一の干し葡萄の輸出国であったという。

今回の研修では乾燥地帯で水を有効活用するため、芳さんが考案した灌水方法が採用され現地で準備が進んでいる。ビニールパイプを利用し、落差による圧力を活かした方法で、コストとしても経済的とされる。研修後も電子メールを通じて定期的に近況報告が届いたり、葡萄の病気についての相談を受けたり交流が続いている。

「朝日新聞夕刊」より。

（三）澤登早苗　恵泉女学園大学教授

A 生命産業としての農業の確立へ「実学の農学」

一九五〇年代後半に山梨県牧丘の地に初めて巨峰を導入し、日本一の巨峰の集団産地となる礎（いしずえ）を築いた故澤登芳の長女早苗は、両親やその仲間たちの葡萄作りに取り組む姿を身近に見ながら育った。やがて応用学問の領域としての農学に魅力を感じ、東京農工大学農学部に進学し園芸学を学ぶと同時に実学としての農学のあり方にこだわりながら暮らしてきた。

大学と大学院時代は日本に導入されたばかりのキウイフルーツを定着させるべく研究に励み、ニュージーランドのパーマストンノースのマッセイ大学の大学院で学ぶ機会に恵まれた。

その後、博士課程修了後に専門学校の講師の傍ら、農林水産省の外部団体で専門調査員として海外の果樹情報を収集する仕事に従事し、一九九四年（平成六年）から縁あって恵泉女学園大学で園芸を通じた教育実践を担うことになった。

一九九九年（平成十一年）から同大学の専任教員として有機園芸を通じた教育を実践、園芸を通じた子育て支援プログラムの実践、園芸を通じた地域との協働、地域貢献など〝農〟が持つ魅力を人々に伝えると共に、それを生かした実践活動を都内を中心に展開しながら現在に至っている。

Ⓑ継承・発展に努力

澤登早苗がこれらの活動を行っている原点に、牧丘で苦境の中にありながらも巨峰栽培を始め、続いて高級葡萄の有機無農薬栽培の実践化に、またキウイフルーツを日本に定着するため研究を重ねていた両親やその仲間たちの姿を見てきたにほかならない。

子どもを為してからも大学でフルタイム働きながら、東京に住むことなく牧丘に住み続け、農業経営に関わってきた。その最大の理由は両親が築いてきた果樹園を継承・発展させるのは自分たちである、という想いであり、日々現場を見ていないと〝農〟の本質を理解することは難しいと考えたからである。

父芳は「農薬から百姓を解放しない限り農民の健康は保たれないし、将来農業をする者がいなくなってしまう」という不安から有機農業を決意し、「農業を生命産業として位置付ける」との夢の実現に、地域における有機農業の普及や仲間づくり、就農希望者への相談や研修を受け入れた。

農産物を積極的に購入している消費者との援農を通じた交流や、新しいグリーンツーリズムに家族ぐるみで取り組んできた。

そうした準備体制を急務とするなか、父芳の症状が急変、他界してしまった。しかし二〇一五年三月から「牧の庄澤登塾」と称した会を開催し、父や伯父晴雄が葡萄、キウイフルーツの栽培を通じて、何を実現しようかとしていたのか、また私たちは今、彼らの生き方から何を学び、何をしていくべきかを考え、その実現に向かって動きたいと願っている。

(四) キウイフルーツ無農薬栽培の力

これまで澤登兄弟が東京国立の農業科学化研究所と日本葡萄愛好会が推進してきた葡萄栽培における有機農法とは別に、日本の果実の完全有機無農薬栽培が可能であるキウイフルーツの栽培とその普及に努めてきた業績も又多大であった。

兄弟は日本キウイフルーツ協会を創設、共に協会理事長を歴任した。この項では他の果実とは異なり、完全無農薬栽培のシンボル的存在まで進化させた澤登兄弟のキウイフルーツの世界を記述したい。

本項の資料は「キウイフルーツ協会だより」一〇〇号の記念特集から、澤登兄弟のキウイフルーツに対する重要な記述を筆者独自の視点で抜粋し紹介するものである。この抜粋の記述を読むことにより、「キウイフルーツのその発祥」と「日本への導入の経緯」、また「日本でのキウイフルーツの栽培者への指導性」など澤登兄弟のキウイフルーツへの想いが今も新鮮に心に響くものがあり、兄弟の果実に賭ける「生命産業としての農業」への〝愛〟を強く感じさせてくれよう。

Ⓐ ニュージーランドのキウイフルーツに学んで　一九七八年（昭和五十三年）

澤登芳　日本キウイフルーツ協会三代理事長

世界のキウイフルーツの都テプケに一歩足を踏み入れたとたん、果物の栽培状態に関して少々の事では驚かないつもりでいた私も、いささか驚かざるを得ない光景に接したのである。

あの広大で（人の密度に対し）肥沃なゆるい丘陵地帯に広がるキウイフルーツの農園、おおらかさをまともに感じさせる。農園のスペースの取り方、又それに勝る美事という言葉に総てが尽きる素晴らしいキウイフルーツの成育状態、世界の他の果物に比較すればあまりにも歴史的に浅い僅か五十年の間に、野生の実生をあれほどまでに栽培出来るように努力された、人間の執念ともいう程に取り組まれた人の姿勢を農園の中に見出した時、私は絶句の感に打たれたのである。～中略～

一七六九年キャプテンクックがニュージーランドを再発見し、我々日本人と同一民族といわれる先住民マオリ族と共同してニュージーランドの開拓が始まり、その間に東洋の野生果実サルナシの種子の〝一粒〟から栽培果実としての技術が確立され、それが又、東洋の一角、日本に持ち込まれ、今日より日本的な新果実として生産されるということは、時代のもたらしむるものとは言え、あまりに奇しき縁と思われる。～中略～

吾々日本人は、日本の果実産業の一画にこの意義あるキウイフルーツを位置づけさせねばならない

大きな責任があることを忘れてはならない。～中略～

B 国際競争力のあるキウイフルーツ産業の創造　一九八三年（昭和五十八年）協会創立十周年に望む

澤登晴雄　日本キウイフルーツ協会初代理事長

一九七四年（昭和四十九年）秋に僅か数十人で発足した本協会も、国全体加入の人数を加えると数千人の大世帯になりました。

国産キウイフルーツも来年度は二千トンに近い生産があり、ニュージーランドから六千トン、さらにカリフォルニアから二千トン近い輸入が見込まれているので、日本人一人当たり一箇に近いキウイフルーツを食べられることになりました。国産もここ数年で三～五倍になり、その上に生産時期の違いからニュージーランドからの輸入はさらに増えてくると思われるので、現在のような高級果実のイメージで売れる時代は間もなく終わると考えねばなるまい。

協会は数年前、西ドイツ、カナダを中心に日本産キウイフルーツの試験輸出を試みたが、品質的にはニュージーランド、カリフォルニアと比べてヒケをとらないが、価格面で国際価格迄下げねばならないことを指摘された。～中略～

野生種の性格の強いキウイフルーツには、近代的な化学肥料や農薬ではアレルギーを起こす面も多いようである。いずれにしても十年間色々な面にぶつかり、色々な対応を迫られたと思う。しかし基本的に高品質なものを労力と資材を少なくしてコンスタントな生産を挙げていくことは最も平凡で、最も正しい道である。~中略~

本協会はこの大きな変化の時に、どの方向をとろうとするか、志は定まっている筈である。初心にかえり、基本的技術をふまえ、先ず自己から正し、会員同志地域の連帯を及ぼし、日本キウイフルーツ産業の創造にも手をつないで行こうではないか。

第十四章　志（こころざし）を絆（きずな）に

〝志〟とはスーパー大辞林によれば「心に決めて目指していること」、また「何になろう」「何をしようと心に決める」こととある。

だが同時に〝志〟は「相手を思いやる気持ち」人に対する「厚意」「好意」「謝意」が含まれていることを知るべきである。

時あたかもＮＨＫ大河ドラマの「花燃ゆ」のなかで主人公役の杉家の文の兄、吉田松陰が久坂玄瑞、高杉晋作など松下村塾の弟子たちを相手に、しきりに「お主の志は如何に」と質（ただ）しているが、前述の「何をしようと心に決めたか」との言辞のみを意識的に強調し、「相手を思いやる気持ち」や「謝意」「好意」が後回しにされている気がしてならない。

後述する澤登晴雄は二〇〇一年（平成十三年）の「新春に語る」のなかで、有機農業の〝志〟は世直しであると喝破し、同時に「お互いに扶（たす）け合っていくべきだ」と語っている。

また〝絆〟は東日本大震災以降に、日本国内で「苦しみを分かち合う」「苦しさを越えるために協力する」として〝絆〟の重要性が広く叫ばれるようになった。

この最後の章では澤登晴雄と芳の二兄弟の「その遺志」と、日本葡萄愛好会会員による個々の「遺志の継承」の思念、さらに愛好会に二〇一四年（平成二十六年）入会するに至った五十嵐夫妻の奇縁と言うべきその動機、そして最後に本書での「はじめに」に記述した二〇一四年（平成二十六年）十月に他界した澤登芳と筆者の最後の会話となった一問一答を記述して締め括りたい。

（一）その遺志

Ⓐ澤登晴雄

この〝遺志〟と言える澤登晴雄の言辞は日本葡萄愛好会の創立者で日本有機農業研究会の代表として二〇〇一年（平成十三年）、機関誌『土と健康』の〝新春に語る〟での「二十一世紀の有機農業運動」のなかの「志をきずなに」の抜粋である。

この言辞は日本社会が大量消費時代に入るなか、有機農業の推進により人々の生命を守るという人の生き方の根源を目指す〝志〟を共にする人々との〝絆〟を最重要視したものとみられる。その先見に改めて敬服しやまないのは筆者のみであろうか――。

「やはり志というものがないと。世直しということでもあるんだが。そこで有機農業研究会は単に俺は、俺だけで間に合っているよ。いい、と言うことではない」～中略～

「今の世の中は大量生産で、大量消費で、大量廃棄だ。これは問題だと言いながら事実やっていることは大量生産、大量消費、大量廃棄という政策をグローバルにやっている。しかも、そのことがよいようなことを言っている。まるっきり逆ですよね。しかし、そのギャップの中に我々はおるということを、しっかりと考えていかなくてはならない。

明らかに、今の世の中は、その逆に行っております。政治は逆に行っておる。その後には、軍事まででついていています。それをどうやって突き破っていくか。お互いに扶け合って、手をつないでいく。そういう今の輪を、もっと、広げなくてはならない。そう思います」

Ⓑ「日本葡萄愛好会の魂と歴史を伝えるために」

「日本葡萄愛好会の半世紀」の二〇一二年（平成二十四年）三月の巻頭言よりの抜粋

澤登芳　日本葡萄愛好会二代理事長

「中国を中心としてアジア各国から葡萄を含む様々な農産物が日本に入ってくるであろうが、それを私たちは一つの刺激として捉えればいいと思います。農業において葡萄が持つ有利な条件に注目し、利点を伸ばす努力をすればいいのです」～中略～

「高品質な生鮮果実である葡萄を味わうことの楽しみを消費者に知っていただき、地産地消の時代に即した生産者と地域の豊かな物語を詰めたワインを提供する。それは私たち日本葡萄愛好会の会員にとって、何者にも代えがたい価値であり目標です。

私は日本葡萄愛好会の伝統と精神を体現する会員の皆様が、今まで苦労して獲得してこられた技術と経験および考え方を次の世代に積極的に継続していかれることを切望いたします」

(二) 志の継承

Ⓐ 鈴木重男　くずまきワイン代表　岩手県岩手郡葛巻町町長　日本葡萄愛好会理事

(1) 澤登晴雄先生を偲ぶ

澤登晴雄先生からは、本当に沢山のことをご指導いただきました。

先生の一言ひとことが、いまも心に残っており、私はそれを支えにここまでくることができたような気がしています。

澤登晴雄先生は、研修生の学習姿勢や仕事、作業には極めて厳格な方で、研修生が少しでも手抜きをしているとそれを見抜いて厳しく叱られ、叱るときは、相手がしょげて、がっくり肩をおとしても手加減なしで信念を持って厳しく叱られましたから、研修生は、言い訳や口答えは一切できずにそれを黙って受け入れるしかありませんでした。

このように厳しい指導をいただく中で、私は農業に取り組む際の基本姿勢も学ばせていただきました。

「農業は、人の口に入る米や野菜、果物などの食べ物をつくること。だから安心して食べられるよう化学肥料や農薬は使うべきではない」というのが先生の農業に対する基本的な考え方であり、先生が主宰する国立市の農業科学化研究所では、肥料には手作りした堆肥を使用し、農薬はほとんど使わない栽培方法で葡萄やキウイフルーツを栽培する有機農業を実践し、指導しておられました。

それがいま、我が社の〝くずまき高原牧場〟の基本になっています。

私は、これまで多くの方々に育てていただきましたが、その中でも澤登晴雄先生は私の最高の師となっています。

「鈴木君、良くここまで頑張ったな――」と誉めていただけるようになることを夢見て、これからも努力を続けていきたいと考えています。

（2）澤登芳先生との想い出

私が葛巻町長になる前、日本葡萄愛好会の副理事長を務めていまして、二代目の芳理事長と愛好会の運営に尽力してきました。芳理事長とは研修会等で有機農業、日本農業のあり方やワイン談義に花を咲かせたことが良き思い出として心に残っています。

芳先生とは中国にも二度ほど同行させていただきました。その頃、芳先生は腰の傷病から歩行が困難となり、現地で東洋医学の観点から腰の治療を試みながらの視察研修は身体的にご本人にとってさぞ辛いものであったと思います。しかしそんな様子も見せずに気魄溢れる姿を拝見し、芳理事長の葡萄にかける執念、愛好会への思いを感じました。

その後、私の知っている盛岡の神経科の名医を紹介して治療したところ、芳先生の腰はかなり良好となったのです。

そのためか、私に会うたび、芳先生は「お蔭で鈴木副理事長から足をもらったよ」と、大変な喜びを表してくれたのが私にとっても実にうれしいことでした。特にくずまきワイン創立25周年（２０１０年）のお祝いに「もらった足で」と葛巻町までお越しいただいたことは誠にありがたく深く感謝しております。

B 佐藤忠吉 「食の杜(もり)」の指導者　日本葡萄愛好会常任理事

「平成の代表的〝農聖〟」

一九六〇年（昭和三十五年）より農業基本法の如何様(いかさま)に気付き、有機農業らしいことに取り組んでからは、速効性、利便性を重視する農業の工業プランテーション（注44）と引き換えに、中山間地域は崩壊し、農民は消費者に媚(こ)びて奴隷根性になり下り、田舎は都市資本植民地にされた姿に怒りをそのまま吐露してきた。

一九七〇年（昭和四十五年）に澤登晴雄先生の知遇を得て、自分の今までの行為とは似て非なるものを先生の行動から感じとりました。

木次(きすき)の現在の姿はそうした先達のお蔭によるもので、先生の偉大な教化力によるものと感謝の気持ちでいっぱいです。

社会教育者としての顔、農村改革者、思想家、哲学者としてのいろいろな顔に加えて農業技術者として、また育種家としてもすばらしい存在でした。古くは日本で初めての民主主義者といわれた二宮尊徳の生涯と思想、大原幽学（注45）の先祖株、近くは山崎延吉（注46）の農本主義、先生はこれら先賢の思想と実践に比べうる平成の代表的な〝農聖〟であると申し上げます。また人生の終局には、これまた田中正造（注47）にも似て、多くのものを残さず淡々としたお姿は、私たちの範としたいものです。

「日本葡萄愛好会の半世紀の澤登晴雄氏との出会い、より」

Ⓒ鈴木三千夫　有限会社ウッドベルファーム代表　日本葡萄愛好会現理事長

「中山間地の豊かさに努力」

晴雄先生を初めて訪ね、園内を案内していただいた折、垂れ下がる山ブドウの枝を手でよけて先に進もうとした時、「何をしている。葡萄を動かさず君がよけなさい」と、大声で叱られた。

今思うと晴雄先生は自然から学ぶべきで、人が偉そうに手を加えるべきではないと、言いたかったのではないかと印象深く覚えています。

その後の研修でも植物の伸び方や葉の形、枝の伸び具合、枝の太さ、花芽の大きさなど植物を見て、いろいろなことを知る「成育診断」を学び観察眼を養って貰いました。大雨の中での作業や長く伸びた草を草掻き（か）で処理したり、機械を使うことなく広大な農地でいろいろな作業を取り組んだ体験は、滅多なことではへこたれない私をつくってくれました。

研修中は〝何でこんなことを〟と思うことも多々ありましたが、今日に至って大変感謝しています。

山梨の芳先生のもとにも何度も研修に伺い、農業で暮らすという事がどういうものかを肌で感じさせていただき、農産物を売って生活することを学びました。

このように澤登御兄弟には日本の中山間地でのブドウ栽培をはじめとする農業による暮らしを豊かなものにするという宿題を頂いたと思っています。戦前に比べ豊かになったと思われた地方の中山間地は、今また農業、林業の衰退とともに厳しい現実に直面していると考えます。御二人の遺志を継いで、中山間地が豊かで、温かな故郷として存在し続けられるよう微力ながら努力していきたいと思います。

D 諏訪部衛人　富士ぶどう園代表　日本葡萄愛好会副理事長

「食と農の未来を自分の役割に」

澤登両先生の遺志を継ぎ、「食と農」の未来を自分の役割として果たしていきたいと願っています。

E 諏訪内将光　諏訪内観光ぶどう園代表　日本葡萄愛好会常任理事

「自然相手は〝理〟が大切」

晴雄先生に接して、特に記憶にあるのは、「日本の農業、農家の面積は狭い方が良い。大農業は白人がアジア人等にしたようにプランテーション（注44）になり、搾取につながる」と言われたことで、その時晴雄先生は哲人であると思った。たまに激する時もあったが〝理〟にかなっていたので納得した。

芳先生は温厚で頭の優れた方で常に〝理〟にかなった言動に感心して拝聴してきた。農業は自然相手で〝理〟こそが一番大切だと考えています。

(三) 五十嵐博　晶子　日本葡萄愛好会会員

「葡萄を通し〝志〟を楽しむ」

五十嵐夫妻は(共に六十九歳)一昨年二〇一四年(平成二十六年)に日本葡萄愛好会に入会したばかりであるが、その入会の動機の背景に、山ブドウ樹の育成に〝志〟を同じくする人々との、まさに奇縁としか言えない実話が秘められていた。

その秘話の要旨を五十嵐夫妻の手記をもとに要約してここに紹介する。

愛好会入会の動機は、一昨年三重県で開催された自然農法の交流会に参加した折に、果樹部の講師として日本有機農業学会会長で恵泉女学園大学社会園芸学科科長(当時)の澤登早苗との偶然の出会いに端を発していた。

約四十年ほど前からヤマギシ会(注48)の共同体で生活している五十嵐夫妻は、三十年以前よりヤマギシ会の大先輩佐藤徳重（一九一五年（大正四年）二月生まれ）が、会の季刊誌で「デラウエアが語る葡萄の話」を連載していて、その購読によって葡萄栽培の楽しみを感じとっていた。

十三年後の二〇〇三年（平成十五年）に栃木県那須に在住している佐藤徳蔵の無農薬の葡萄栽培技術に興味を引かれ、夫妻は思い切って病いがちな佐藤の許を訪ねた、がその半月後には三重を去り、那須の葡萄畑に二人して立ち、実習を開始した。ちなみに佐藤徳重は古くからの日本葡萄愛好会の会員でもあった。

夫妻共に葡萄栽培に長年興味を抱き続けてきたこともあるが、当時八十八歳の佐藤徳重の高年齢のなかで、この機会を逃してはならないとの想いと、佐藤の研ぎ澄まされた言動に心惹かれたことによる。

それから二週間は栃木の那須、一週間は東京の老いた母の許からでの生活を二年間続けた。

やがて母の死後に東京を引き払い、那須に移り住み佐藤の許での葡萄栽培に専念した。

佐藤徳重の「葡萄栽培は〝天意〟と考えているので続けられたので自分の為ではやれない」「我、人と共に繁栄せん」との言葉が夫妻は印象に残っている。そして、隣の畑で農薬をまく人、除草剤を使う人とも一切争うことなく仲良くしている姿に感銘した。

葡萄がたわわに稔った二〇〇七年（平成十九年）九月中旬、佐藤徳重は九十一歳七カ月で天寿を全（まっと）うした。

その後、五十嵐夫妻は二年間三重から一ヵ月一、二度那須に通って葡萄樹の育成を続け、知人から山ブドウ「小公子」などの苗木を手に入れ、無農薬無肥料でありながら、毎年稔りをもたらす優れた山ブドウ品種に感動していた。

そうした経緯のなか、一昨年澤登早苗との出会いによって、講演中のスライドのなかに、佐藤徳重から受け継いだ葡萄樹の半数以上が写し出されたのである。日本葡萄愛好会が作り出した葡萄樹とは何にも知らずに、長年栽培してきた葡萄の品種を初めて正式に判明し理解できたのであった。

そして二〇一五年（平成二十七年）二月の日本葡萄愛好会の総会に初めて五十嵐夫妻は参加し、そこで長年葡萄作りに専念してきた愛好会の三重の柳島正一副理事長に会うことになったが、その柳島副理事長から佐藤徳重と葡萄が縁で、三重で過去六年間も親しい仲であったことを聞かされ大変驚かされたのである。まさに葡萄が取り持つ〝奇縁〟である。

総会に参加して、会員の皆が「本当に葡萄を愛する人なんだ」と、葡萄を通しての人生の〝志〟を楽しんでいる意義を知った。夫妻は改めて新しいスタートに立った今、天を仰ぎ大地に感謝していると、手記に結んでいる。

（四）芳前理事長との最後の会話

省みるに、長兄晴雄が牧丘の実家を離れた後、弟の芳は他の農家の三倍にあたる農地での葡萄とキウイフルーツの有機栽培と地域農業の振興に邁進してきたなかで、大学卒業後から晩年に至るまでの六十年間、概ね二つの大きな〝山〟を背景に、その山を突破してきたと言える。

第一は、二十年余、地元牧丘の町会議員、農業委員など、行政を通じて地域農業の振興に寄与してきた。

第二は、地元の古刹、臨済禅の祥雲山慶徳寺の総代表として、八百八十年の遠忌に向けて鐘楼の建設などの整備を精力的に進めた、ことである。

しかし、この芳の尽力の成果の影には、妻綾子のなみなみならぬ内助の功があったことを忘れてはならない。綾子は、町議会の報告書の作成や農業研修生への農業指導と食事の世話など裏方の仕事を献身的に引受け助力してきたのである。

こうした多忙ななかでの日々、芳の楽しみの一つが自ら栽培した葡萄で作った赤ワインの飲用であった。その赤ワインの〝力〟によって、交通事故による骨折や脊柱管狭窄症などの傷病をかかえながらも内科的な病は無く、強靭な体を保つことができたのだろう。

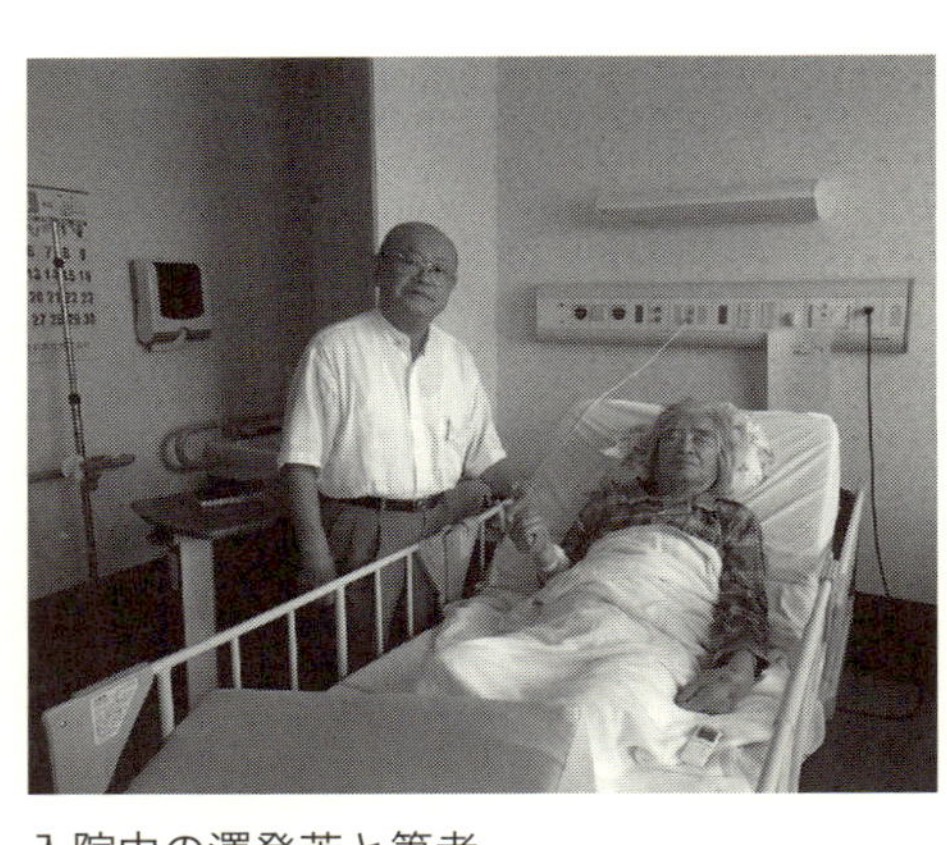

入院中の澤登芳と筆者

二〇一四年（平成二十六年）八月二十三日、筆者は山梨県笛吹市の笛吹中央病院に、入院中の澤登芳のお見舞いと本書の取材を兼ねて訪問した。

七月中旬に入院中の芳理事長から筆者に電話が入り、本書の執筆の心準備と、自分が入院したことによって発刊には全く支障のない旨の連絡があった。病床にあっても本書の発刊への心遣いと、発刊を楽しみにしている心のうちを思い筆者は心がうたれた。

実は筆者は一年半程前から、芳の兄晴雄の千恵子夫人と当の芳の高齢化に、お二人の健在のうちに卓越した兄弟の事蹟を一冊の本にまとめたいとの気持ちを強く抱いていた。千恵子夫人が入退院を繰り返している事実と、芳理事長が五月中旬にわかに入院したとの知らせに、その想いは一層高まっていた。

病室からガラス窓を通して、夏の陽射しを受けた笛吹川の堤と河原、その先にはキラキラした川面が見えた。南向きのひどく明るい感じの病室に何故かホッとしたが、三カ月前の芳の頑健な体躯の容姿とは打って変わり、闘病にやつれた容貌と、何よりも目がうつろで、発声が困難な様子に、心に突き刺さるものがあった。

しかし石和駅まで筆者を迎えに来てくれた長女の早苗から差し出された、その朝に自園より摘み取った紫黒の小粒な「小公子」の実を、待ちかねたようにして、やや半身を起こしたベットのなかで無言で食べ始める姿を見た時、筆者は心が引き裂かれる想いを抑えるに必死であった。その時の光景を思い浮かべると今もこうした執筆中にも涙が溢れでる。葡萄とワインに賭けた一生、黒い小粒の小公子を黙々と子供のように無心に口に運んでいる芳の胸の内を押しはかると、胸がはち切れそうになる。

長女早苗の話では、入院直後の五、六月には食欲が失せていたが、夏に入り、小公子の実を口にしてからは食欲が湧き、一時期どうなるか、との疑念が去ったとのことであった。

歯に衣を着せずに筆者との一問一答

問い「これまでの人生を振り返って、一番嬉しかったことは何んでしたか?」

答え「巨峰の栽培が軌道にのって、東京の第一青果の市場に出荷出来た時だった。嬉しかったね」(答えた時、少し頬が紅潮した。遠い過去であるが、よほど嬉しかったのだろう)

問い「反対に悲しかったことは？」

答え「中牧（今の牧丘町）の養蚕と蒟蒻の生産が頭打ちになった時です」

問い「では二十年八月十五日の終戦の時は、何処で何をしていましたか？」

答え「今の牧丘で旧制中学の三年でした。その頃、学徒動員で糧秣廠（りょうまつしょう）に配属され測量の助手をしていて、かなり上達し、その後造園やハウスの建設に全部自分が測量することが出来て大変役に立った」

問い「亡くなられた国立の兄の晴雄先生はご自身にとって、どういう存在でしたか？」

答え「……、偉大だったね」

問い「前理事長とは年齢がはなれ、また都会と地方というハンディのなかで、芳先生はその陰で大変苦労されたこともあったのではないですか――」

答え（少し考えてから）「……、そうだね――」

問い「自身で考案されたサイドレスハウスの効果は？」

答え「サイドを無くすことによって空気の対流を促進し、温度と湿度が自然に調整出来ます。栽培の上で大変良かったと思います」「有機栽培にね」

問い「この三、四年中国行きを強く希望されていましたが、色々な理由で果たされなかったですね。

中国にどんな関心を」

答え「国が広いし、農業に熱心な人もいるし、残念だった」

問い「最近の気象変動による異常気象に農家は大変苦しんでいるようですが？」

答え「そうですね。農家は大変でしょうが、けれどそれを乗り越えなければだめだね」

問い「愛好会の会員に今伝えたいことは？」

答え「土づくりのなかでテロワール（生育地の地形、土壌、気候、地勢の特徴）を注意深く視て栽培することが大事です」

まだまだ聞いておきたいことが山ほどあったが、噛み締めるように一語一語答える表情のなかに息苦しさが見受けられ、一問一答は正味八分で終えた。

だが淡々と語る容姿のなかに、自分は全てやりつくした、という満足感が感じられ、総じて穏やかで温かな雰囲気が漂い、一時（いっとき）、重病人と対面していることを忘れさせたほどであった。

筆者の心の底には、これが最後になるのではないかという存念が去来し、直ぐに辞去するのが躊躇（ためら）われ、医師や看護士が室内に入れ替わり出入りするなか、三十分ほど病室に居続けた。

筆者が退室する際、ベッドに半身身を起こし、弱った体躯を少し前のめりにして、細い目の内に淋

しげな表情を浮かべていた姿が、今も瞼に焼き付いている。

後に聞いた話であるが、筆者が病床を訪ねた翌日、以前より延び延びになっていた大切な人の訪問を受けたが、前日とは打って変わり、少し朦朧状態で正常な会話が不可能であったとのこと。筆者の訪問時にはしっかりした意識のなかでの最後の会話だったのだ。不謹慎ではあるが、まさに〝天意〟と言えるその奇蹟的な時間を得たことに、心から感謝したのである。

山梨市牧丘の澤登家の墓地「祥雲山慶徳寺」

その訪問から四十六日後の午後、笛吹中央病院の駐車場からの携帯電話で、長女早苗より、「少し前に苦しむことなく、父は他界しました」との知らせを受けた。「車の後の座席で今も安らかに寝ているようです」と、息を詰まらせた早苗の声を、筆者はボォーとして聞いていた。

兄晴雄と共に、葡萄とワイン、そして有機農業にまさに〝鬼〟と化し生き抜いた八十六年である。見事な生涯であった。

注釈解説

（1）日本葡萄愛好会
一九六一年（昭和三十六年）三月、東京国立市の農業科学化研究所内に設立。目的は葡萄の品種改良及び選抜とその研究による新しいブドウ園の経営。初代理事長故澤登晴雄氏、二代目晴雄の末弟故澤登芳。現在三代目の理事長鈴木三千夫。

（2）農業科学化研究所
一九四五年（昭和二十年）に国立市内に設立。目的は葡萄、キウイフルーツなどの有機農業による農業指導者の育成。一九五四年（昭和二十九年）に各種学校の認可を取得。初代の理事長兼初代校長故澤登晴雄。二代目理事長故千恵子夫人。現在の理事長は晴雄長男の公勇。秋田県横手市に分場を有す。

（3）日本ワインバンク
一九七六年（昭和五十一年）設立。目的は山ブドウ及びその改良種により、日本の風土に根ざした風格あるワインの創造。理事長故澤登晴雄。二代目理事長故澤登千恵子。

（4）フルーツグロアー澤登
山梨県山梨市牧丘町の丘陵にあるＪＡＳ認定を受けた有機栽培の農園。初代代表澤登芳。葡萄及びキウイフルーツを有機、無薬栽培により育成。わが国での無添加のオーガニックワインの生みの親。キウイフルーツは三十五年以前にニュージーランドから日本に導入し栽培技術を確立。園内のサイドレスハウスの施設は有機農法の実験園として内外からの視察が多い。澤登芳は日本キウイフルーツ協会理事長及びやまなし有機農業市民の会会長等を務めた。現在は芳の長女早苗と夫の芳英が代表に就任。

（5）「土にまなぶ」
一九九六年（平成八年）十月、澤登晴雄著、双葉社刊。「身土不二」、身体と土は分けるべきではないとして有機栽培によるワイン造りを説く。この結論に至った年少からの苦難の歩みを収録。
（6）「ワイン＆山ブドウ源流考」
一九九八年（平成十年）澤登晴雄著。双葉社ふたばらいふ新書刊。前述の「土にまなぶ」を加筆編集した書。「古来ワインは薬だった」として山ブドウの血を生かした無添加ワイン造りとその歩みを説く。
（7）「国産＆手づくりワイン教本」
二〇〇〇年（平成十二年）九月、澤登晴雄著。創森社刊。ワインは「風土と文化を飲む」産物として地産地消の具現化を説く。
（8）牧丘・葡萄物語
二〇一〇年（平成二十二年）二月、澤登芳自費製作書。山梨県山梨市牧丘町での国内初の巨峰ブドウの大規模生産に成功し「巨峰の丘マラソン大会」に至る物語。
（9）甲陽軍艦
甲斐の国（現在の山梨県）の戦国大名武田氏の戦略と戦術を記（しる）した軍学書。著者は高坂昌信。
（10）満州開拓団
国策として満州事変後に現在の中国東北部に農業従事者を中心に開拓移民として送られた集団。
（11）満蒙開拓青少年義勇軍
一九三八年（昭和十三年）に戦中の国策として茨城県内原に加藤完治が創設した。開拓と警備を未成年者に担（にな）わせるための訓練所。

(12) 大政翼賛会
一九四〇年(昭和十五年)国民の画一的な組織化と戦争体制への動員に新体制運動として結成され、国の政治的中心組織として位置づけられた。

(13) 東條内閣
陸軍大将東條英機が総理として組閣した内閣。一九四一年(昭和十六年)の対米英開戦から一九四四年(昭和十九年)のマリアナ海戦の大敗で日本の敗戦が濃厚となった時期まで、絶大な政治及び軍事の権力を集中させた。

(14) 至軒寮
社会教育家の穂積五一が主宰した戦前戦中の学生寮。日中和平や反東條内閣運動を推進。穂積は明治後期から昭和初期の憲法学者東京大学教授上杉慎吉の門下生で上杉の意志を継承した。後にアジア文化会館を創設。

(15) 梁山泊
中国山東省梁山県の沼沢周辺で二世紀北宋の時代に三十六名の時の権力への反抗者が集い、その史実を明の初期の小説「水滸伝」に一〇八人の好漢を主人公にまとめた小説。

(16) 中野正剛事件
衆議院議員で初代東方会総裁。元ジャーナリスト。戦時中に反戦に真正面から東條内閣に挑戦して逮捕された後に一九四三年(昭和十八年)十月二十七日自宅で割腹自決した。

(17) 加藤完治
一八八四年(明治十七年)生まれ。現在の東京大学農学部を卒業後内務官僚を経て一九二五年(大正十四年）茨城県友部に日本国民高等学校（後の日本農業実践学園）を創設し校長。一九三八年（昭和十三年）に隣接地の茨城県内原（後に水戸）に満蒙開拓青少年義勇軍訓練所を開設した。教育家、農本主義者、剣道家。

（18）南洲残影
文芸評論家江藤淳の遺作。明治の元勲西郷隆盛（号は南州）は日本の「思想」であったと定義づける。また脱米国型思想を暗示した名著。

（19）清貧の思想
中野孝次の著書。中野は東京大学文学部卒。国学院大学教授を経て小説家、評論家、翻訳家。「清貧の思想」は一九九二年（平成四年）から僅か七ヶ月で三十五刷出版された。庶民に生き続けた清貧の思想と現代の大量生産、大量消費による〝物〟へのこだわりが、日本人の精神の支柱の荒廃につながり、米国型産業社会の物質的繁栄の構造に警告を発し、人間への配慮を提言した貴重な書。前記の江藤淳の思想に共通性がみられる。

（20）海外拓殖秘史
戦前のブラジル、満州、戦後の南米、米国等の海外での農業拓殖の歩みとその理念、また東京農業大学農業拓殖学科創設の意義を説いた杉野忠夫の書。

（21）学生闘争
活動家と呼ばれる学生が反戦運動や自らの主張のアピールに集会やストライキを行う。一九六〇年（昭和三十五年）の安保闘争、その後の全共闘による大学紛争は過激な運動として知られる。

（22）ＧＨＱ

連合国最高司令官総司令部の略。敗戦後の日本占領政策を実施した連合国の機関。

(23) 鉄のカーテン

一九四六年(昭和二十一年)、西ヨーロッパその他の非共産国諸国に対するソ連とソ連諸国との閉鎖的状態をさす。一九八九年(平成元年)にそのカーテンは終了した。

(24) 山崎岩男

一九〇一年(明治三十四年)生まれ。中央大学法学部卒。若くして青森県大湊町長(現在のむつ市)青森県会議員を経て衆議院議員五期、青森県知事二期。箱根大学駅伝の第2、3、4回で三区を出走。マラソン知事と呼ばれた。早稲田大学の河野一郎(副総理)と同時期に駅伝で争う。

(25) 大井上康

一八九二年(明治二十五年)生まれ。東京農業大学卒。農業学者。民間育種家。栄養周期理論の提唱者。静岡県田方郡(現在の伊豆市)に大井上理農研究所を創設。葡萄の研究に専念、巨峰の生みの親。大井上農法は作物に窒素を抑制した石灰、燐酸、カリウムを交互に一種類を投与。

(26) 花流(はながれ)

花が咲いて実がつかない情態。主に栄養過多が原因。

(27) 澤登早苗

一九五九年(昭和三十四年)山梨県牧丘生まれ。東京農工大学農学部卒、ニュージーランド、マッセイ大学大学院。東京農工大学大学院連合農学研究科修了、農学博士。現在、恵泉女学園大学教授、日本有機農業学会会長、日本葡萄愛好会常任理事、やまなし有機農業連絡会議代表。

元農林水産省農林規格会専門委員、日本有機農業研究会の理事を務めた。恵泉女学園大学ではユニークな新入生一年生の必修授業に、教育農場での有機農業の実践教育を取り入れての授業を指導。父芳亡き後、夫の芳英と共にフルーツグロアー澤登の代表を引き継ぐ。

（28）丸谷金保

一九一九年（大正八年）北海道池田町生まれ。明治大学卒業後十勝日日新聞編集長を経て池田町長、参議院議員。著書に「ワイン町長奮戦記」など。戦時中、至軒寮での澤登晴雄と同志。池田町ブドウ・ブドウ酒研究所の創立者。

（29）ブドウの原種四大別分類

澤登晴雄はブドウの源流（ルーツ）を次の四大別に分類している。

一、世界の九〇%を占めるヨーロッパ系種ヴィティス・ヴェニフェラ（Vitis・Vinifera）

二、北米種系種ヴィティス・ラブルスカ（Vitis・Labrusca）

三、東北アジア型野生系種ヴィティス・アムレンシス（Vitis・Amurensis）

四、野生日本山ブドウ系種ヴィティス・コアニエティ（Vitis・Coignetiae）

（30）ヴィティス・コアニエティ

明治期に来日したフランス人のコアニェティ女史が日本の山野の山ブドウを知って持ち帰り、後にフランス政府より学名として「コアニエティ」と名付けられた。

（31）制度化AOC

AOC、アペラシオン・ドリジーヌ・コントレロ、仏語 Appellation d’ Origine Contrôlée

日本語では「原産地統制呼称」「原産地呼称統制」などとある。フランスでのワイン、チーズ、バターなどの農業製品でのＡＯＣ基準に満たされないものは原産地呼称委員会により販売は違法とされる。この制度は消費者保護と生産者保護を兼ねる他国に先がけた重要な制度、法律である。

本書で筆者が指摘しているのは一八五五年にナポレオン三世によりワインのＡＯＣ制度によるボルドー、メドック地区の一級から五級の格付け（一九七三年にロスチャイルドのシャトー・ムートン・ロートシルトが一級に追加されている）が百六十年間変更されてないことに疑問を呈しているのである。ちなみに第一級5、第二級14、第三級14、第四級10、第五級18の61銘柄である。

（32）液体流動資産
人類の天然の液体流動資産として石油、天然ガス、シェールガスが挙げられるが、ワインは人工の液体流動資産の一つとする、筆者などの少数の新たな発想である。

（33）ロスチャイルド家
Rothschild「ロスチャイルド」は英語読み、ドイツ読みは「ロートシルト」フランス読みは「ロチルド」史上最大の大実業家。ヨーロッパの財閥貴族。十八世紀後半ゲットー（ユダヤ）隔離居住区の出身。後に銀行家として成功を収めて世界の金融、石油、情報機関（米ＣＩＡを含む）、原子力、政治、食品、メディアをロスチャイルド一族で支配している。国際的な代表企業として、「世界情報」を発信するタイムズ、ロイター、ザ・サン、ＡＰ、アメリカの三大ネットワークのＡＢＣ、ＮＢＣ、ＣＢＣ。「石油」ではロイヤルダッチ、シェル、ブリティッシュなど。「兵器産業」はアームストロング、ダッソー、シュットーテル、ピッカース。「金融・保険」では香港上海銀行、ウェストミンスター銀行、フランス銀行、イングランド銀行、パリ国立銀行、スエズ金融、カナダロイヤル銀行、リーマンブラザース、アラブ投資銀行など。また世界の「金」と「ダイヤモンド」の価値をロスチャイルド一族で決めている。

「食品」ではコーヒーのネッスル、「紅茶」のユニリーバ、ブルックモンド、「タバコ」はアメリカ最大のフィリップモリス、「金属」はリオ・チントン・ジンクで金とウランをほぼ独占している。日本における至近な例では、金融の日本銀行、シティバンク、流通ではセブンイレブン、食品ではスターバックス、マクドナルドなど多数。ロスチャイルド一族の言葉として「世界で戦争を始めることも、防ぐことも帝国を築くことも、破壊することも出来る」と語られている。

(34) 自然派ワインの認証団体

◎「ECOCERT」一九九一年（平成三年）にフランス農務省が有機栽培食品を認可する目的で設立。フランスのトゥールーズに本拠をおき、ヨーロッパを中心として世界八十五ヶ国以上で活動し、四万以上の有機栽培業者が登録している世界最大の国際有機認定機関、オーガニック認定団体の世界基準となっている。

◎「ICEA-e-AIAB」(イタリア有機農業協会)を母体とする、イタリアの代表的な有機栽培食品の認証機関。

◎「demeter」デメターマークと言われ、一九四六年（昭和二十一年）ドイツを中心とする生力学的自然農法（ビオディナミ又はバイオダイナミック農法）を実践している団体で一九五四年（昭和二十九年）デメター協会が設立された。

(35) G7

Group of Seven の略で、フランス、アメリカ、イギリス、ドイツ、日本、イタリア、カナダの七つの先進国を指す。またこの七ヶ国の財務大臣、中央銀行総裁会議を指すこともある。

(36) OIV　International Organisation of Vine and Wine

本部パリ。世界四十七ヶ国と中国は特例として山東省煙台市及び河北省昌黎市のワイン局が市単位で加盟している。ブドウとワインの優良品種の制定と保存及び加盟国のブドウとワインの発展を目的とした唯一の国際機関。アジアでは陝西省楊陵の西北農林科技大学葡萄酒学院内にＯＩＶアジア事務局が併設されている。日本は加盟していない。

(37) Brunell di Montalcino
イタリア中部トスカーナ州のモンタルチーノの町は十四世紀のシエナの要塞都市で四〜五〇〇メートルの丘陵地帯。現在人口六千人。数多くのサンジョベーゼ系種のワインのなかで、ブッルネッロ・ディ・モンタルチーノは最も優良な長寿ワインを産出している。時にビオンディ・サンティ社 (Biondi Santi) のブッルネッロは全ヨーロッパで第一級の評価を受けている。

(38) デニス・ギャスティン (Denis Gastin)
一九八〇年代を在日オーストラリア大使館の商務官を経て一九八九年帰国後、地元月刊紙のワインコラムを執筆。国際的なワインジャーナリスト、ジョンソン、ジャンシス・ロビンソンらへの編集協力多数。オーストラリアワイン生産組合のゲスト・スピーカーとして業界の提言を行っている。

(39) 史記
中国の前漢時代 (紀元前一四〇年代) の武帝の治政を司馬遷によって編纂された中国最初の歴史書。二十四史の一。伝説上の五帝の一人黄帝から武帝までの叙述。五十二万六千五百字に及ぶ。

(40) 東方見聞録
イタリアのベェネツィア共和国の商人、マルコポーロの旅行記。一二七一年〜一二九五年にかけてヨーロッパから中央アジア、中国旅行の見聞をルスティが筆記した。

(41) グルマン世界料理本大賞 (Gormand World Cook book Awards)

世界の優れた料理本（ワインを含む）に対して贈る国際賞。一九九五年（平成七年）にフランスの資産家コアントロー（Edouard Cointreau）が設立した。

料理本大賞はヨーロッパ十六ヶ国からの代表により、毎年世界二万六千冊のなかから選抜し授与される。料理本のアカデミー賞と言われる。ちなみにコアントロー家は、食後酒のリキュールの一種、キュラソーの老舗「コアントロー」家の継承者。夫人はフランスの五大ブランデー、コニャック「レミーマルタン」家の出身。

（42）改良マンソン
澤登晴雄が考案したアメリカのマンソンが開発したマンソン式の垣根仕立に手を加えた改良の垣根仕立。

（43）一楽照雄
一九〇六年（明治三十九年）徳島県生まれ。東京大学卒、農林中央金庫理事を経て農業協同組合中央会理事。一九七一年（昭和四十六年）に日本有機農業研究会を設立し初代代表となる。一楽の思想は「協同組合主義」といわれている。

（44）プランテーション（Plantation）
大規模工業生産の方式を取り入れて熱帯、亜熱帯地域の広大な農地に大量の資本を投入し、先住民や黒人奴隷などの熱帯地域に耐えうる安価な労働力を使って単一作物を大量に栽培する（モノカルチャー）大規模農園のことである。

またこの「安価な労働力」は、かっては植民地の原住民あるいは奴隷であり、現在は発展途上国の農民であったり、土地自体が先住民から奪われて経営者に売られたりするため、労働者の人権が問題とされることがある。そして水質汚染、森林破壊、農薬問題などの環境破壊が問題とされる。

(45) 大原幽学

一七九七年（寛政九年）三月生まれ。江戸時代後期の農政学者。千葉県香取郡現在の旭市を拠点に世界で初めて「先祖株組合」と呼ぶ農業組合を創設した。

(46) 山崎延吉

一八七三年生まれ。石川県出身の日本の農政家。教育者。衆議院議員、愛知県立農林学校の初代校長。

(47) 田中正造

一八四一年（天保十二年）三月生まれ。日本の政治家。日本初の公害事件といわれた足尾銅山鉱毒事件を告発した政治家として有名。財産は全て鉱毒反対運動などに使い果たし、死去したときは無一文だったという。

(48) ヤマギシ会

三重県津市富里にある正式名、幸福会ヤマギシ会。組織は農事組合法人。養鶏家山岸巳代蔵が提唱した原始共産主義的理念の山岸式養鶏会が母体。発足一九五三年（昭和二十八年）、会の理念は私有財産の否定と共有。現在全国二十八カ所世界に六カ所の実顕地がある。

参考文献（順不同）

『日本葡萄愛好会の半世紀』日本葡萄愛好会刊　二〇一二年
『土にまなぶ』澤登晴雄著　双葉社刊　一九九六年
『ワイン&ブドウ源流』澤登晴雄著　双葉社刊　一九九九年」
『国産手づくりワイン教本』澤登晴雄著　創森社刊　二〇〇〇年
『ワインとミルクで地域おこし』鈴木重男著　創森社刊　二〇〇一年
「土と健康」日本有機農業研究会刊　二〇〇二年8・9月合併号
『昭和「年表」』日本通信教育連盟刊　一九八九年
『世界の名酒』講談社刊　二〇一三年
『ワインの力』濱野吉秀著　飛鳥新社刊　二〇一〇年
『ワイン学』産調出版社刊　一九九八年
「酒販ニュース」醸造産業新聞刊　二〇〇四年
『ブドウ品種解説』植原葡萄研究所刊　二〇一四年
『Mamours Wine Catalog』ＢＭＯ刊　二〇一四年
『食べる力が日本を変える』技術評論社刊　二〇一二年
『十勝ワイン・ジェネシス』池田町ブドウ・ブドウ酒研究所刊　二〇一三年
「キウイフルーツ協会だより」日本キウイフルーツ協会刊　二〇一一年百号記念特集
『世界のワイン図鑑第7版』ガイヤブックス　二〇一四年

あとがき

（一）執筆を終えて

二〇一五年四月七日の早朝、本書の最終章を書き終えたその瞬間、傍らの布団にあお向けになり両腕を天上に向け、思わず、「ウォー」と叫んだ。次にこの九ヶ月間、筆者なりに心血を注いできた執筆中の重荷の疲れがドォーと全身に襲ってきた。

だが目を閉じ、直ぐにその疲れを押し退け、布団に正座し、鬼籍に在る近くの澤登芳に、「やっと終えました」。次に、遠くの澤登晴雄に、「長くお待たせしました」と、心の奥底で報告を済ませた。

（二）千恵子夫人の逝去

三日おいた四月十日の朝、突然、日本葡萄愛好会の鈴木三千夫新理事長より、澤登千恵子夫人の逝去の知らせを受けた。

余りのことに唖然とし、電話を切った後に耳を疑い、筆者から鈴木理事長に電話を掛けて聞き質し（ただ）たほどであった。

本書の執筆中に完成本を第一に読んで貰いたかった澤登芳理事長が昨秋に他界、今また愛好会との縁を結んでくれた千恵子夫人の訃報、何と皮肉と言える宿命に、ただただ呆然とする想いであった――。

しかし、時間がたち、冷静に立ち返ってみるとき、二方は本書の完成を楽しみにしていたことは事実であり、廉直な想いで澤登兄弟の突出した事跡にその周辺とワインの世界を書き終えた今、現今の農業従事者をはじめワイン関係者とその次世代に伝えることの重責を果たし終えた、という感慨に至り、それを慰めとして受け止めるしかなかった。


翌日の十一日の午後、小雨のなかキリスト教による千恵子夫人の葬儀がしめやかにとり行われた。生前多くの人々から愛された夫人の人柄と、その事跡に多方面の人々が参列した。

ことに農業科学化研究所晴雄所長の陰で、研修生や海外からの留学生に対して、夫人がきめ細やかなに尽くされた真心、ＹＷＣＡ及び戦後穂積五一が創設したアジア文化会館、そして自らが所属した教会に永年支援したことは、つとに知られている。

筆者が最後に夫人と言葉を交わしたのは二〇一四年五月十二日の国立での日本葡萄愛好会の役員会の日であった。夫人は孫、曾孫十五人に囲まれ九十歳十一ヶ月の幸せな生涯を終えた。夫人の冥福を心から祈って――。

（三）中国のワインパワーに驚愕

澤登千恵子夫人の葬儀の日から二日後の十三日、本書の「あとがき」に逡巡（しゅんじゅん）するなか筆者は第九回国際ブドウ&ワイン学術会議に出席のため、会津若松市の農業委員の長老で、ワインとチーズの両ソムリエの資格を有する小川孝と共に中国へと向かった。

「あとがき」に敢（あ）えて中国行を加えた理由には、この旅先での野生山ブドウとワインの在り方、澤登兄弟が目にしたらまさにワイン生産の理想郷として歓喜したに相違なく、筆者が過去国内外の多くのブドウ畑とワイナリーを見てきたなかで、世界に比類のない究極の理想郷を体感したその事実を読者諸兄に伝えたかったからにほかならない。

この旅での最終目的の国際会議を前に、まず成田から山東省青島空港へと飛び、青島から車で三百キロ先の莒県で中国最大の葡萄の苗木生産会社「志昌葡萄研究所」を訪問する。

年間生食用ブドウ苗木六百万本、ワイン用苗木四百万本と計一千万本、千種類の苗木を生産している。これはおそらく世界有数のスケールである。

翌日、莒県から同じ山東省で国際ワイン文化都市である煙台市の保税区内に新設された「国際葡萄酒交易平台（INTERNATIONAL WINE TRADING PLATFORM）」を訪問する。

この施設は世界二十ヶ国のバルクワインを無税で輸入、ユーザー好みのワインをボトル充填専門の中国唯一の大工場で、年間三万トンのワインを消化するスケールである。

その後、煙台市から青島市に戻り約三千キロ先の広東省広州へ飛ぶ。

広州白雲空港内で葡萄酒学院の卒業生が勤務する世界最大の国際ワインレストランに招待された。二百五十人を賄(まかな)える大規模で豪華なレストランの三方にはフランス、イタリアなど十ヶ国のワインの展示室が設けられ、個室のほか結婚式やファッションショーが開催できる百人用の特別室までが用意されていた。まさに「食は広州にあり」の言葉通りの施設に目が奪われる。

葡萄苗木一千万本の生産、三万トンのワインボトルの加工工場、世界最大の空港内ワインレストラン、など中国のワインパワーに改めて驚愕する体験であった。

その夜、夜行便で広州からヴェトナムに隣接する広西チワン族自治区の首都南寧に飛ぶ。

翌朝から三日間、車で八百キロかけて世界の珍種野生山ブドウ毛(もう)ブドウの栽培各地とワイナリー三ヶ所を視察する。なかでも「中天」の中国様式のワイナリーと産出する毛ブドウワインは素晴らしい出来であった。中国南部の毛ブドウは六月と十月の二期作であることに驚く。

（四）ワインと果物の理想郷

成田を発って七日目、この旅の最終目的である広東省に隣接する江西省南部の崇義県で開催される第九回国際ブドウ＆ワイン学術会議に出席する。

宿泊先のホテルから十八キロ先の高原の谷合い「君子谷ワイナリー」の周辺は標高五百メートルに位置し、地元では君子谷「GENTLEMAN VALLEY, CHONGYI, CHINA）「野果世界」（野生果物黄金郷）と呼ばれ、一大自然植物公園となっている。

第９回国際ブドウ＆ワイン会議「江西省崇義県君子谷」　写真提供：筆者

広大な谷合いには世界で珍しい野生のワイン用の「棘（トゲ）ブドウ」と数種の野生のキウイフルーツをはじめ二十数種の野生果樹のほか数十種の野花、それらを餌に集まる珍種の鳥類と蝶類が生息している全くの自然郷である。

この自然郷で四日間にわたりイタリア、フランス、スペイン、カナダなど海外九ヶ国のワイン関係者の代表三十名と地元中国のワイン関係者二百五十名による学術会議が開催された。

世界の珍鳥、白鳳、鳳凰のモデル「江西省崇義県君子谷」
写真提供：筆者

野生果樹と野生草花に囲まれた自然郷の景観美もさることながら、野生山ブドウ棘ブドウによるオーガニックワイン「君子谷」の出来は酸味が薄く、フルーティーで芳醇なアロマの味わいは、各国の代表からブドウ園の美観と共に賞讃された。

谷合い広がるユートピア君子谷の在り様は世界の何処にも類が無く、筆者をはじめ欧米などの各国代表も初めての体験である。山岳の頂には朝晩靄が棚引き、足許には草花が咲き乱れ、まさに東洋の桃源郷と呼ぶに相応しいワイナリー周辺の光景であった。

なかでも中国伝説の鳥「鳳凰」のモデルとなった君子谷の谷合いに生息する貴重な「白鳳」の華麗さは、世界中の鳥の中でも比類のない品格とその色彩は一幅の絵のような麗姿であった。頭部の紅色、胸部の黒毛、背と、体の二倍はある長い尾は白毛、そして脚の紅、一度飛翔

世界で珍種の棘ブドウ「江西省崇義県君子谷」
写真提供：筆者

するその姿は、色こそ違え鳳凰の舞いそのものであった（飛翔は写真によるもの）。

亡き澤登兄弟が、もしこの君子谷の「野果の世界」と「野鳥と野花」の浮世離れした自然郷を目前にしたなら、きっと地球上の理想郷として絶讃したに相違ない。

今回の国際会議で筆者は、「日本産山ブドウ系ワイン」を講演したが、毎年この会議の開催に協賛してきた葡萄酒学院から、外国人教授として筆者が十五年間務めた功績に対し、学院初の「栄誉証」を授与された。また幸いにも同行の小川孝が筆者の後継者として、同会議で「客員教授」に任命され、二人して会場から祝意の拍手を受けたのである。

芳、千恵子の澤登家の二方が健在なら、筆者はこの栄誉に胸を張ったであろうが、昨年来の二方の相次ぐ他界を思い浮かべ胸に氷のような冷たいものが過ぎった。

（五）澤登兄弟の足跡

最後に、澤登兄弟の生涯を改めて振り返るとき、葡萄とワイン、そして有機農法の「先見」と「先賢」の偉業のみではなく、〝大地〟を踏まえた人生の教育者であり、思想家であったことに気付く。兄弟には農業は思想と教育の具現化でもあった。そして、澤登兄弟の精神に常に去来していたのは、

第一に、幼少期に体験した農家の貧しさからの脱却。

第二に、人の生命を損なう農薬と化学肥料の排除。

第三に、有機農業を志す人々との堅い絆。

この三つの理念を活かすため、山梨への郷土愛から葡萄とワインさらにはキウイフルーツをこよなく愛し続けてきたことが良く理解できる。

だが、その生涯の足跡を辿ると、チャレンジ精神の裏面には血は争えないもので、澤登家のルーツが武田武将の末裔であったことによる反骨（はんこつ）精神が強く律してきたものと想像する。

筆者がこの澤登兄弟の生き方に共鳴した根底には、実は鹿児島の西郷南洲を育んだ父方の薩摩隼人の反骨の血が流れていることによるものと思われる。

日本における「公」に対し、「民」での澤登兄弟のような農業の世界での指導者は、残念ながら今後二度と現れないような気がしてならない。

近年、地球規模での生命と生活の見通しの利かない混迷期にあって、澤登兄弟と、それに続く多くの同志に出会えたことは、筆者にとって望外の幸せであったことを改めて痛感し、天意に感謝して止まない。

尚、本書を書き終えるにあたり、長期間にわたり心良く出版に尽力された出版元の鶴見治彦代表に深く感謝申し上げる次第である。

二〇一五年七月二十一日

濱野吉秀

プロフィール

濱野吉秀（はまの　よしひで）

一九三七年東京生まれ。

ワイン研究家　食品開発家。

「中国」西北農林科技大学葡萄酒学院名誉教授。理学博士。中国国家国際ワイン評価委員。日本葡萄愛好会顧問。津軽ぶどう楽園顧問。

二〇一〇年グルマン世界料理本大賞健康飲料部門での著書「ワインの力」受賞。二〇一二年四月上海のアジアワインコンクール大会組織委員会より永年の功績により「中国ワイン文化交流特別貢献賞」を受賞。二〇一五年四月、第九回国際ブドウ&ワイン学術会議で外国人教授としての十五年の功績に対し西北農林科技大学葡萄酒学院より「栄誉証」を授与。

元ハウス食品工業、交通公社（JTB）トラベランド、スカイラーク（SGM）のフードアドバイザー。文藝春秋「マルコポーロ」、朝日新聞「UNO」のくいもの探偵団団長。「ワインの力」飛鳥新社、「奇跡の一滴が脳に効く」「お腹をしぼれ引き締めよ」ダイセコー出版等著書著述多数。

ワインの〝鬼〟　「有機葡萄」六十年の軌跡

2016年4月28日　第1版第1刷発行

著　者　濱野吉秀
編集協力　日本葡萄愛好会
発行者　鶴見治彦
発行所　筑波書房
東京都新宿区神楽坂2-19 銀鈴会館
〒162-0825
電話03（3267）8599
郵便振替00150-3-39715
http://www.tsukuba-shobo.co.jp

定価はカバーに表示してあります

印刷／製本　平河工業社

ISBN978-4-8119-0486-3 C0061